LA MARAVILLOSA VIDA DE LOS ELEMENTOS

Título original: 元素生活 完全版 *(Genso Seikatsu Kanzenban)*

Diseño de cubierta: Sergi Puyol

© Bunpei Ginza, 2017. Todos los derechos están reservados.
Edición original en japonés publicada por Kagaku-Dojin Publishing Company, Inc., Kioto.
Esta edición se ha publicado con el acuerdo de Kagaku-Dojin Publishing Company, Inc., Kioto,
a través de Tuttle-Mori Agency, Inc., Tokio
© de la traducción: Xènia Amorós Soldevila / Daruma SL, 2023
© de la edición: Blackie Books S.L.
Calle Església, 4-10
08024, Barcelona
www.blackiebooks.org
info@blackiebooks.org

Maquetación: Drac Studio (Daruma SL)
Impresión: Liberdúplex
Impreso en España

Primera edición en esta colección: junio de 2024
ISBN: 978-84-10025-62-2
Depósito legal: B 5348-2024

Todos los derechos están reservados. Queda prohibida la reproducción total o parcial
de este libro por cualquier medio o procedimiento, comprendidos la reprografía
y el tratamiento informático, la fotocopia o la grabación sin el permiso expreso
de los titulares del copyright.

INTRODUCCIÓN

¿Sabes qué pasa si inhalas una cantidad muy muy grande de helio puro? En una ocasión, cuando estudiaba en la escuela de arte, compré dos bombonas de helio puro para un trabajo artístico.

Seguro que ya sabrás que inhalar helio transforma la voz y la hace más aguda. Pero con las bombonas pequeñas que se encuentran en los comercios de artículos de broma, el efecto no es tan impresionante y enseguida se recupera la voz normal.

ASÍ QUE SE ME OCURRIÓ QUE, CON UNAS BOMBONAS DE HELIO PURO, SEGURO QUE CONSEGUIRÍA UN RESULTADO MUCHO MÁS IMPACTANTE...

Saqué todo el aire que tenía en los pulmones, abrí al máximo una de las bombonas e inhalé con toda la intensidad de la que fui capaz. De repente, se me nubló la vista; no podía respirar; tenía la boca abierta como un pez, pero el aire no entraba. La cara se me puso azul y todo mi cuerpo comenzó a enfriarse. Después de aquello, aprendí que inhalar demasiado helio puede causar la muerte por asfixia. Ese día, estaba solo en el aula. Sin pensar en cómo sonaba mi voz, salí y grité:

«¡SOOOCOOORRO!» (CON VOZ DE SUPERSOPRANO)

¡Si me hubierais oído! Entonces me di cuenta de que inhalar helio era peligroso por dos razones: la primera, porque te puedes asfixiar; la segunda, porque, si pides ayuda con esa voz, poca gente se tomará en serio la llamada de socorro.

En nuestro día a día apenas pensamos en los elementos. Tampoco se suele decir que tener conocimientos en este campo sea algo que nos vaya a hacer populares; de hecho, es más bien al contrario. Y lo cierto es que, cuando miramos una mesa, difícilmente pensamos en el carbono que tenemos delante.

LOS ELEMENTOS NO NOS DICEN NADA.

Para empezar, los átomos y los electrones son cosas demasiado pequeñas. Y, luego, es difícil imaginar que se pueda clasificar un mundo tan complejo en solo 118 categorías. Pero gracias a los elementos podemos acercarnos al corazón de la materia. El problema es que son demasiado pequeños para que seamos conscientes de ellos en nuestra vida cotidiana y y nos resultan demasiado abstractos a la hora de explicar cuanto nos rodea.

En este libro he intentado llevar los elementos a una escala más cercana para aproximarnos a ellos de una forma divertida. Para hacerlo posible, he contado con la ayuda y la supervisión de Kôhei Tamao, del Instituto Riken; del profesor emérito Hiromu Sakurai, de la Universidad de Farmacia de Kioto, y de Takahito Terashima, de la Universidad de Kioto. No hace falta ningún motivo especial para querer conocer mejor los elementos; solo espero que gracias a este libro y sus dibujos disfrutes haciéndolo.

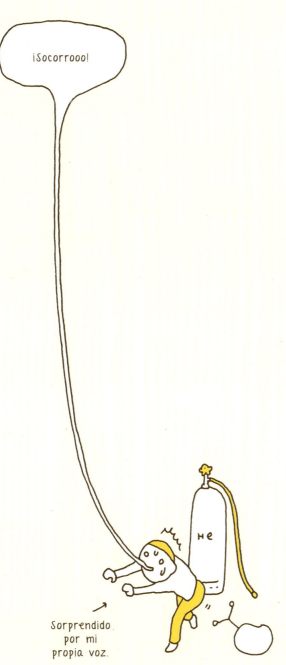

1

リビングと元素
LOS ELEMENTOS EN NUESTRO HOGAR

p.009

まえがき
INTRODUCCIÓN
p.001

2

スーパー元素周期表
LA SUPERTABLA PERIÓDICA DE LOS ELEMENTOS

p.027

NÚMERO ATÓMICO	
1 - 18	p.062
19 - 36	p.086
37 - 54	p.110
55 - 86	p.130
87 - 118	p.154

3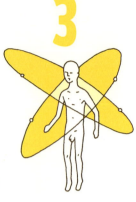

元素キャラクター
LOS ELEMENTOS PERSONIFICADOS

p.053

PERÍODOS 1, 2, 3

PERÍODO 4

PERÍODO 5

PERÍODO 6

PERÍODO 7

4

元素の食べ方
¿CÓMO SE COMEN LOS ELEMENTOS?

p.171

5

元素危機
LA CRISIS DE LOS ELEMENTOS

p.195

あとがき
EPÍLOGO

p.205

EL PRECIO DE LOS ELEMENTOS	p.164
EL PRECIO DEL CUERPO HUMANO	p.165
ELEMENTOS AMIGOS	p.166
ELEMENTOS PROBLEMÁTICOS	p.168

ÍNDICE

1

LOS ELEMENTOS EN NUESTRO HOGAR

リビングと元素

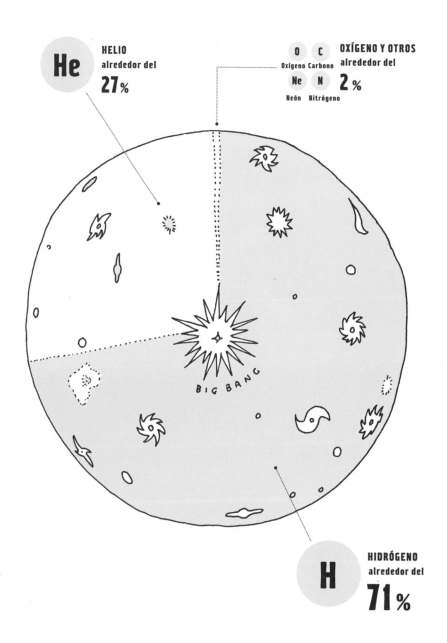

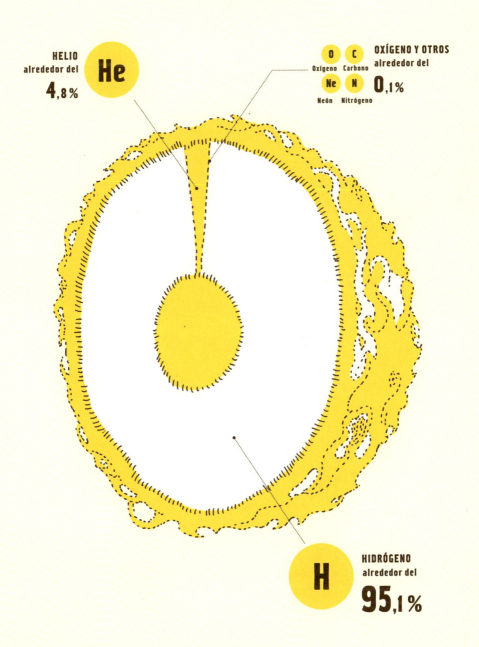

地球を構成する元素

LOS ELEMENTOS QUE COMPONEN LA TIERRA

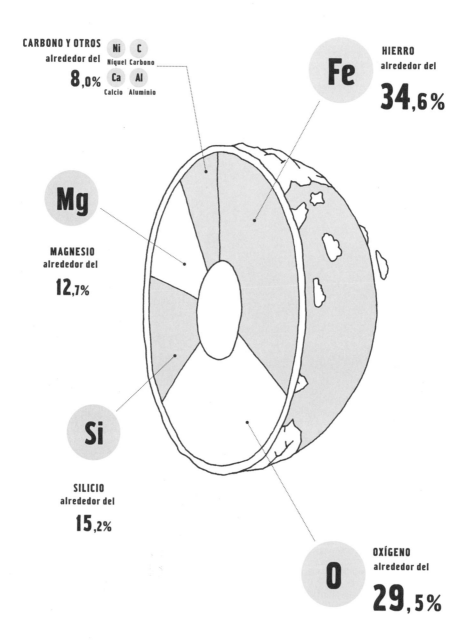

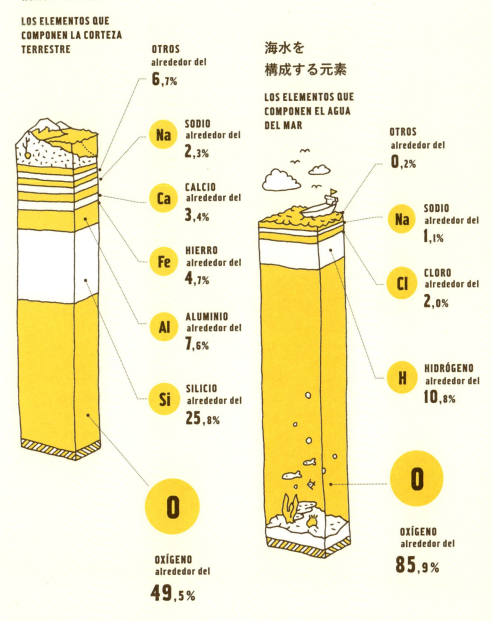

Los elementos nos van muy bien para hablar de cosas a gran escala, como el Universo o la Tierra. Sin embargo, no solemos utilizarlos para hablar de la vida cotidiana. Durante miles de millones de años, los elementos que componen nuestro planeta no han cambiado demasiado, y tampoco se han visto afectados por la vida y la muerte de los seres humanos.

ADEMÁS, LOS PROBLEMAS MEDIOAMBIENTALES NO LES AFECTAN DEMASIADO.

Que haya un agujero en la capa de ozono o que aumente la cantidad de dióxido de carbono en la atmósfera solo supone un cambio en la combinación de los elementos. Salvo que se produzca una colisión de estrellas o una explosión nuclear, los elementos permanecen inalterables, es decir, ni se crean ni se destruyen.

Dicho esto, si algo así sucediera, seguramente no sería el momento de ponerse a reflexionar sobre la vida así que ¿qué sentido tiene hablar de cosas a escalas tan distintas?

Sin embargo, podemos decir que en los últimos diez mil años se ha producido una evolución en la composición de los elementos que nos rodean, y esto es lo que veremos a continuación.

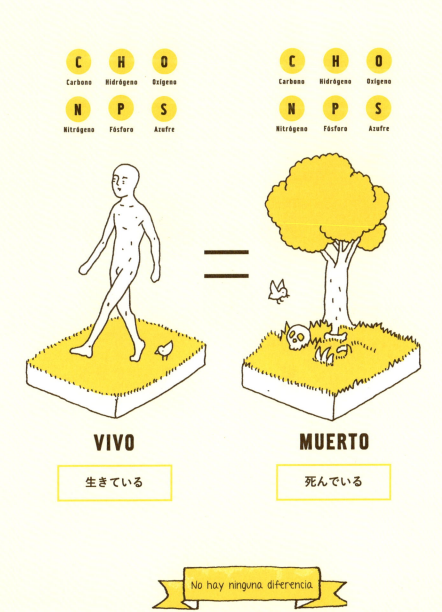

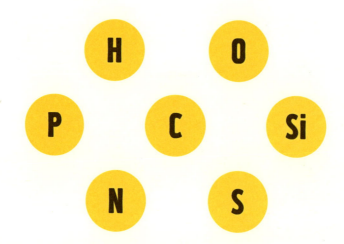

MADERA, PLANTAS

C Carbono **N** Nitrógeno

H Hidrógeno **O** Oxígeno

P Fósforo **S** Azufre

Si Silicio **O** Oxígeno

TIERRA, ROCA

原始の生活

LA PREHISTORIA

Cu

Ca

H

O

P

C

Si

N

S

Sn

Mg

LA ANTIGÜEDAD

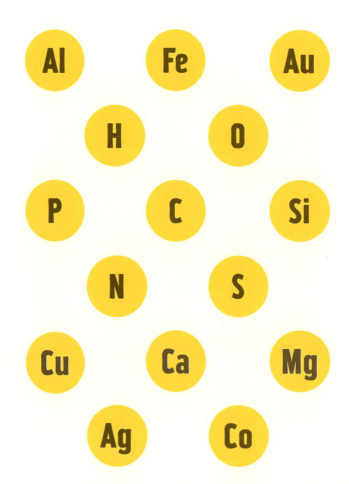

LA EDAD MEDIA

As Fe W

Ru Zr In Sb

Al Cu Au

Ga H O Nd

P C Si

Li N S Hg

Br Ag Ni

Mn Co Ta Te

Mo Pb Kr

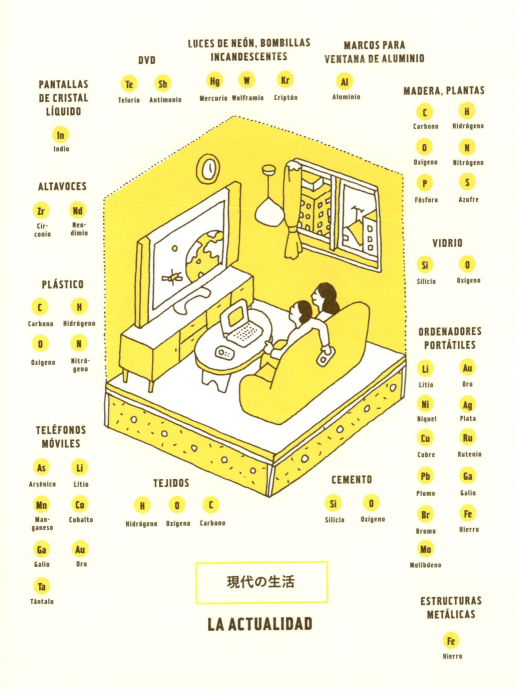

現代の生活

LA ACTUALIDAD

En los últimos diez mil años, los elementos que nos rodean se han vuelto cada vez más numerosos y más diversos. El aumento ha sido particularmente notable en los últimos cincuenta años. Al parecer, estos elementos se han multiplicado por cinco desde la prehistoria y por dos en los últimos 500 años.

EN LA ACTUALIDAD, PODEMOS ENCONTRAR EN NUESTRAS CASAS ELEMENTOS PROCEDENTES DE CUALQUIER LUGAR DEL MUNDO.

El indio que se utiliza para las pantallas de cristal líquido de nuestros televisores proviene de China. El plástico se fabrica con petróleo extraído del subsuelo de los países del Golfo Pérsico, es decir, con carbono.
Con el desarrollo de internet, el interior de nuestros hogares se ha visto invadido por redes de cobre y sílice, los componentes de la fibra óptica, que permiten a los electrones y a la luz viajar por todo el mundo. Dicho de otro modo: seguramente los elementos nunca se habían propagado tanto desde la última colisión de un meteorito contra la Tierra.

Cuando oímos la palabra «globalización», a menudo pensamos en economía o en política, pero probablemente los más globalizados sean los elementos. De hecho, nuestras vidas ya están conectadas con el mundo entero gracias a ellos.

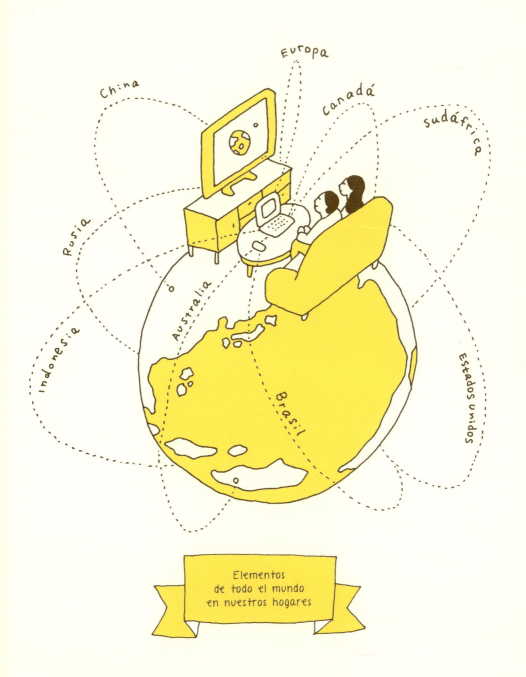

2

LA SUPERTABLA PERIÓDICA DE LOS ELEMENTOS

スーパー元素周期表

元素周期表

LA TABLA PERIÓDICA DE LOS ELEMENTOS

Los elementos químicos se representan en la tabla periódica, la cual está compuesta por 118 elementos distribuidos en 7 filas horizontales y 18 columnas verticales. Las filas de la tabla representan los períodos y las columnas, las familias o grupos. Dado que numerosos elementos pertenecen a los grupos de los lantánidos (Ln) y actínidos (An), en la parte inferior tienen un espacio reservado exclusivamente para ellos. Comprender la estructura de la tabla periódica es realmente útil para adentrarse en el maravilloso mundo de los elementos.

FAMILIA / PERÍODO	1	2	3	4	5	6	7	8	9
1	H Hidrógeno								
2	Li Litio	Be Berilio							
3	Na Sodio	Mg Magnesio							
4	K Potasio	Ca Calcio	Sc Escandio	Ti Titanio	V Vanadio	Cr Cromo	Mn Manganeso	Fe Hierro	Co Cobalto
5	Rb Rubidio	Sr Estroncio	Y Itrio	Zr Circonio	Nb Niobio	Mo Molibdeno	Tc Tecnecio	Ru Rutenio	Rh Rodio
6	Cs Cesio	Ba Bario	Ln Lantánidos	Hf Hafnio	Ta Tántalo	W Wolframio	Re Renio	Os Osmio	Ir Iridio
7	Fr Francio	Ra Radio	An Actínidos	Rf Rutherfordio	Db Dubnio	Sg Seaborgio	Bh Bohrio	Hs Hasio	Mt Meitnerio

Ln =

La Lantano	Ce Cerio	Pr Praseodimio	Nd Neodimio	Pm Promedio	Sm Samario	Eu Europio

An =

Ac Actinio	Th Torio	Pa Protactinio	U Uranio	Np Neptunio	Pu Plutonio	Am Americio

He — Helio

B — Boro | **C** — Carbono | **N** — Nitrógeno | **O** — Oxígeno | **F** — Flúor | **Ne** — Neón

Al — Aluminio | **Si** — Silicio | **P** — Fósforo | **S** — Azufre | **Cl** — Cloro | **Ar** — Argón

Ni — Níquel | **Cu** — Cobre | **Zn** — Zinc | **Ga** — Galio | **Ge** — Germanio | **As** — Arsénico | **Se** — Selenio | **Br** — Bromo | **Kr** — Kriptón

Pd — Paladio | **Ag** — Plata | **Cd** — Cadmio | **In** — Indio | **Sn** — Estaño | **Sb** — Antimonio | **Te** — Telurio | **I** — Yodo | **Xe** — Xenón

Pt — Platino | **Au** — Oro | **Hg** — Mercurio | **Tl** — Talio | **Pb** — Plomo | **Bi** — Bismuto | **Po** — Polonio | **At** — Astato | **Rn** — Radón

Ds — Darmstatio | **Rg** — Roentgenio | **Cn** — Copernicio | **Nh** — Nihonio | **Fl** — Flerovio | **Mc** — Moscovio | **Lv** — Livermorio | **Ts** — Teneso | **Og** — Ognanesón

10 | 11 | 12 | 13 | 14 | 15 | 16 | 17 | 18

Gd — Gadolinio | **Tb** — Terbio | **Dy** — Disprosio | **Ho** — Holmio | **Er** — Erbio | **Tm** — Tulio | **Yb** — Iterbio | **Lu** — Lutecio

Cm — Curio | **Bk** — Berkelio | **Cf** — Californio | **Es** — Einstenio | **Fm** — Fermio | **Md** — Mendelevio | **No** — Nobelio | **Lr** — Lawrencio

Seguro que muchos de vosotros utilizáis truquitos mnemotécnicos absurdos para memorizar la tabla periódica, igual que hacía yo.

CREEDME, ES UNA PÉRDIDA DE TIEMPO.

Los elementos se dispusieron de este modo en función del número de protones presentes en el núcleo atómico. Pero este número también determina el número de electrones que orbitan a su alrededor, lo que, a su vez, determina el comportamiento del átomo, así como sus propiedades. Los trucos mnemotécnicos son herramientas sencillas que te ayudan a recordar el nombre de los elementos, pero no sirven para conocerlos de verdad.

PARA ESTO SIRVE LA TABLA PERIÓDICA.

La tabla periódica es el espectacular resultado del arduo trabajo y del conocimiento de muchos científicos. Aun así, es cierto que cuando la miras por primera vez no es fácil de entender. En este libro me centraré en las propiedades de cada uno de los elementos para hacer la tabla periódica un poco más accesible a los novatos.

通常の原子の表し方

LOS NOMBRES DE LAS PARTÍCULAS SUBATÓMICAS

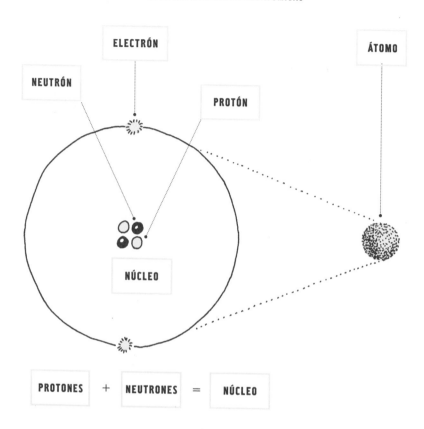

Los átomos están formados por el núcleo y los electrones que orbitan a su alrededor. El núcleo, a su vez, está formado por dos tipos de partículas llamadas protones y neutrones. Los protones y los electrones tienen carga eléctrica: los primeros tienen carga eléctrica positiva y los segundos tienen carga eléctrica negativa. Un átomo, en su forma más básica, está eléctricamente balanceado, es decir, que tiene el mismo número de protones que de electrones. Si un átomo pierde o gana electrones, se dice que se ioniza y se convierte en un ion. Si un átomo pierde electrones se convierte en un ion con carga positiva (catión) y si gana electrones se convierte en un ion con carga negativa (anión). Los electrones que giran alrededor del núcleo se mueven muy rápido y nos referimos a ellos como «nube de electrones». En el dibujo de aquí arriba, he representado la nube de forma simplificada para que se vea cada uno de los electrones.

原子を顔で表す
EL ÁTOMO COMO CARA

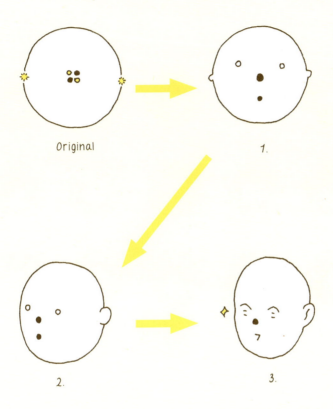

Los electrones se distribuyen en capas esféricas sucesivas, más o menos concéntricas, alrededor del núcleo. Los electrones de la capa más externa son los electrones de valencia. Estos electrones son los responsables de la interacción entre átomos, además, muchas propiedades químicas se derivan del número de electrones de valencia que tiene el átomo.

Como podéis ver, he dibujado este átomo como si fuera una cara: los neutrones son los ojos, los protones representan la nariz y la boca y los electrones los oídos. Si bien esta representación no es científicamente exacta, su objetivo es hacer más atractiva la aproximación a los elementos.

元素のヘアースタイル

EL PEINADO DE LOS ELEMENTOS

He dividido los elementos en 14 categorías según sus propiedades (el hidrógeno está en una categoría a parte). La mayoría están organizados siguiendo los grupos de la tabla periódica, pero dado que algunos elementos del mismo grupo tienen propiedades distintas y, en cambio, otros que pertenecen a grupos diferentes son similares, decidí modificar ligeramente las categorías. He intentado caracterizar el peinado de cada grupo en función de sus propiedades químicas.

アルカリ金属

METALES ALCALINOS

**Corte coqueto,
cabellos con movimiento.**

Todos los elementos del primer grupo pertenecen a esta categoría, excepto el hidrógeno. A pesar de ser metales, son muy blandos, tanto que incluso se pueden cortar con un cuchillo. Tienen una densidad baja, por eso flotan en el agua. Se oxidan con facilidad, lo que significa que pierden el brillo rápidamente.

アルカリ土類金属

METALES ALCALINOTÉRREOS

**Peinado sencillo,
corte bob.**

Son los metales pertenecientes al grupo representado en la parte inferior de la segunda columna de la izquierda. Son altamente reactivos y se pueden unir al oxígeno y a la humedad del aire, aunque no tan fácilmente como los metales alcalinos. Se acostumbran a encontrar en las rocas, de ahí el «térreo» en el nombre del grupo.

遷移金属

METALES DE TRANSICIÓN

La mayoría de los elementos, peinado formal y aburrido.

Son los elementos que van del tercero al undécimo grupo de la tabla periódica. Comprenden la mayor parte de los elementos conocidos como metales. Son muchos y todos tienen propiedades muy similares.

亜鉛族

GRUPO DEL ZINC

Volátiles, peinado punk.

Cuatro elementos pertenecen al grupo del zinc. La diferencia del mercurio respecto del zinc y del cadmio es que se trata del único metal que se encuentra en forma líquida a temperatura ambiente. Todos son todos elementos volátiles, es decir, que se evaporan fácilmente y con un punto de fusión bajo.

 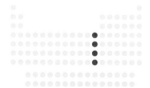

ホウ素族
GRUPO DEL BORO

Corte limpio y ligero, peinado puntiagudo.

También se les llama «elementos del grupo 13». El más famoso del grupo es el aluminio, que tiene múltiples aplicaciones en la actualidad. Quizás el nombre del grupo no os dice nada, pero no debéis subestimar a estos elementos: el galio, el indio y los demás se utilizan en la tecnología más puntera.

炭素族
GRUPO DEL CARBONIO

Talentosos, los cabellos más académicos.

Hemos llegado a los elementos del grupo 14: el carbono es altamente reactivo, lo que significa que forma enlaces con muchos elementos diferentes y se encuentra en casi todos los compuestos orgánicos. El silicio es ampliamente utilizado como semiconductor. El plomo, el germanio y el estaño eran muy populares en el pasado, pero actualmente ya no lo son tanto.

窒素族

GRUPO DEL NITRÓGENO O PNICÓGENOS

Odian la normalidad, peinado estilo mohicano.

El grupo 15 está formado por cinco elementos. A temperatura ambiente todos ellos están en estado sólido, excepto el nitrógeno, que es el componente principal de la atmósfera. Muchos de ellos son conocidos desde hace siglos, como el fósforo y el arsénico, considerado un excelente veneno.

酸素族

GRUPO DEL OXÍGENO O CALCÓGENOS

La vieja escuela, prácticamente calvos.

El decimosexto grupo está formado por seis elementos. A temperatura ambiente el oxígeno tiene forma de gas. El azufre, el selenio y el telurio se encuentran en muchos de los minerales que componen las rocas comunes. El polonio es altamente radioactivo. Los elementos de este grupo también reciben el nombre de calcógenos.

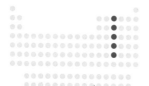

ハロゲン

HALÓGENOS

Calvos y con forma de bola de billar, como una bombilla halógena.

Son los no metales del grupo 17. A temperatura ambiente, el flúor y el cloro son gases, el yodo y el astato son sólidos y el bromo es líquido, así que desde el punto de vista físico no son elementos muy parecidos. Pero todos tienen una alta reactividad y, si se unen a elementos alcalinos o alcalinotérreos, forman sales.

希ガス

GASES NOBLES

Muy enrollados, cabellos afro.

Los seis elementos del grupo 18 son los más estables de todos y, por lo tanto, no son reactivos. Todos tienen puntos de ebullición y fusión bajos. El helio no se solidifica ni siquiera en el cero absoluto (-237,15 °C).

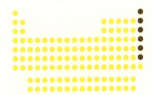

ランタノイド
LANTANOIDES

Muy raros, peinado de Astro Boy.

Son los quince elementos que comienzan con el lantano y terminan con el lutecio. Antiguamente eran considerados extremadamente raros, por eso se los llamó «tierras raras». Algunos de ellos tienen propiedades muy similares y pueden ser difíciles de distinguir. Han hecho falta más de cien años para conocerlos todos.

アクチノイド
ACTINOIDES

Artificiales, peinado de robot.

Actinoides es el nombre genérico de un grupo formado por quince elementos que comienza con el actinio y termina con el lawrencio. Sus características químicas son muy similares a los elementos de la serie de los lantanoides y casi todos son artificiales. Los elementos posteriores al neptunio son todos más pesados que el uranio y por eso, a veces, se les llama transuránicos.

その他
OTROS METALES

Los outsiders, peinado raro.

El berilio y el magnesio se encuentran en la misma columna que los metales alcalinotérreos, pero he decidido unirlos en una categoría propia, ya que no presentan algunas de las características típicas los alcalinotérreos. Por ejemplo, si se someten a la prueba de la llama, a diferencia de los otros cuatro, no producen ningún color en particular.

特別枠
EL HIDRÓGENO Y LA «FAMILIA UNUN»

El líder supremo y los misteriosos objetos no identificados.

El hidrógeno ocupa un lugar especial en el universo ya que se trata del elemento más sencillo de todos, pero constituye alrededor del 71 % de todo el universo conocido. Los elementos de la «familia unun», situados en la esquina opuesta de la tabla, tienen unos nombres muy difíciles de recordar y sus propiedades aún son más o menos desconocidas.

 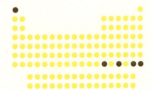

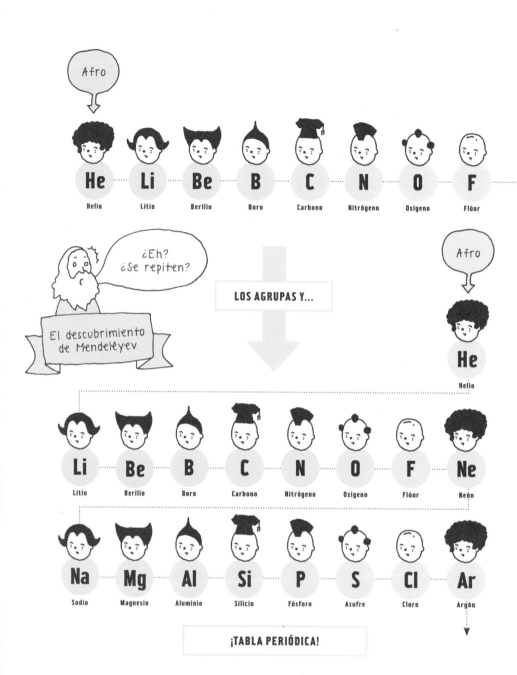

Ahora que hemos dividido los elementos en estas catorce categorías, pongámoslos en fila y busquemos un patrón recursivo: ¿lo veis?

Si ordenamos los elementos del más ligero al más pesado según su peso atómico, encontraremos una repetición periódica de sus propiedades químicas.

Esto es lo que descubrió y describió el científico ruso Dimitri Mendeléyev en su informe titulado *Correlación de las propiedades con el peso atómico de los elementos*. Mendeléyev pensó que esta periodicidad podía aprovecharse para crear una tabla que agrupara en los mismos grupos los elementos con propiedades químicas similares. La tabla periódica que conocemos hoy en día mantiene las características de periodicidad observadas por Mendeléyev.

Que hayamos conseguido dividir los elementos en diferentes categorías no significa que no tengan sus propias peculiaridades. ¿No sería genial si pudiéramos crear una tabla periódica en la que fuera posible observar todas estas propiedades de un vistazo? Algo así como una supertabla periódica de elementos.

固体・液体・気体をカラダで。

LA FORMA DEL CUERPO PARA REPRESENTAR LOS ESTADOS DE LA MATERIA

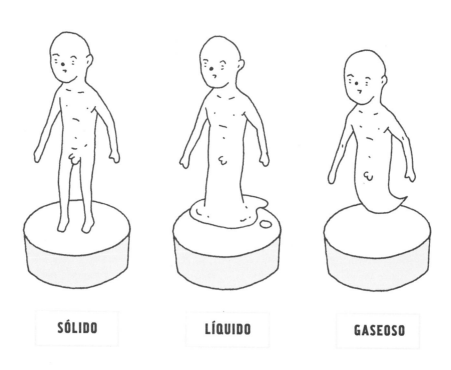

SÓLIDO　　　　**LÍQUIDO**　　　　**GASEOSO**

No nos limitemos a las caras. ¡Démosles también un cuerpo!
A temperatura ambiente, algunos elementos (como el hierro) están en estado sólido, otros (como el mercurio) en estado líquido y otros (como el oxígeno) en estado gaseoso. En mis ilustraciones, las partes inferiores de los cuerpos de los elementos indican su estado físico habitual. Los gases están representados como fantasmas, los líquidos son extraterrestres del Planeta X y los sólidos tienen forma humana. Con la presión y temperatura ambiente solo existen dos elementos en estado líquido (el mercurio y el bromo), el resto son sólidos o gaseosos.

原子量を体重で。

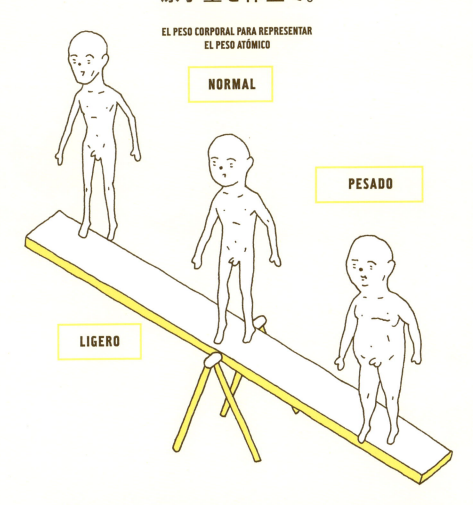

EL PESO CORPORAL PARA REPRESENTAR EL PESO ATÓMICO

NORMAL

PESADO

LIGERO

La unidad de masa atómica corresponde a la doceava parte del peso de un átomo de carbono-12, pero dejemos los tecnicismos para otra ocasión. Como podéis ver, he decidido representar el peso atómico como si fuera el peso corporal. Los átomos pesan cada vez más a medida que avanzamos en la lectura de la tabla periódica; así pues, los personajes son cada vez más regordetes. Por ejemplo, el roentgenio (número atómico 111) pesa unas 270 veces más que el elemento más ligero, el hidrógeno. No he intentado reproducir con precisión las relaciones entre los átomos, ya que habría tenido que dibujar los elementos más grandes en páginas gigantescas, sino que he pretendido representar sus dimensiones relativas.

発見された年を年齢で。

LA EDAD PARA REPRESENTAR EL AÑO DEL DESCUBRIMIENTO

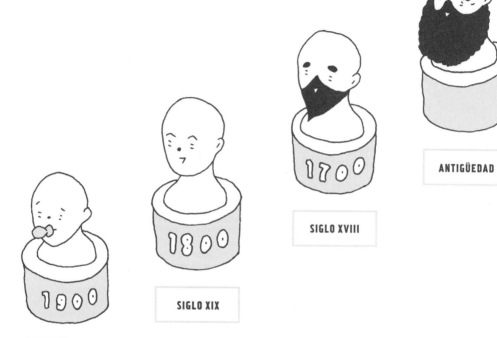

SIGLO XX

SIGLO XIX

SIGLO XVIII

ANTIGÜEDAD

Algunos elementos fueron descubiertos hace siglos, otros, como los artificiales, son más recientes.

Decidí utilizar la edad del personaje para representar la época en la que fue descubierto. La mayoría de los elementos fueron descubiertos en el siglo XIX, por eso lo utilicé como referencia temporal para crear estas cuatro sencillas categorías.

特殊な性質は背景や服で。
EL FONDO Y EL VESTUARIO PARA REPRESENTAR ALGUNAS PROPIEDADES

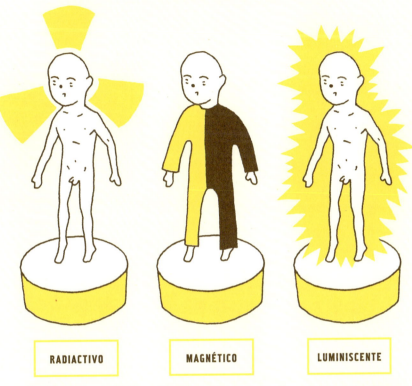

RADIACTIVO

Los elementos radiactivos son difíciles de manejar, pero tienen multitud de aplicaciones importantes.

MAGNÉTICO

Hay elementos capaces de generar fuertes campos magnéticos. Con el traje bicolor quiero transmitir la idea de la oposición entre los polos de un imán.

LUMINISCENTE

Se trata de los elementos que se utilizan para pinturas luminiscentes, fuegos artificiales y cables de fibra óptica.

He intentado resaltar, en la medida de lo posible, los elementos que tienen propiedades radiactivas, magnéticas o luminiscentes. El dibujo que envuelve el personaje radiactivo está inspirado en el símbolo de peligro radiactivo, que advierte de la presencia de radiaciones alfa, beta y gamma.
Los elementos con propiedades magnéticas son fáciles de reconocer gracias a sus trajes bicolores.

Símbolo de la radiactividad

47

おもな使用用途を服装で。

VESTUARIO SEGÚN EL USO

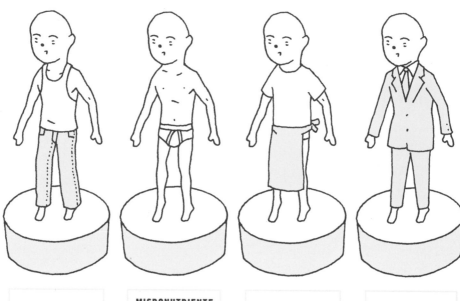

MULTIFUNCIONAL

Los miembros de este equipo son versátiles y tienen una amplia gama de aplicaciones.

MICRONUTRIENTE MINERAL

Son los elementos que utiliza nuestro cuerpo como nutrientes, por eso se representan con un cuerpo saludable.

USO COTIDIANO

Están presentes en materiales que encontramos a diario en cocinas y baños.

USO INDUSTRIAL

Elementos vestidos de hombres de negocios, porque trabajan en industrias y fábricas.

Hay elementos que los utiliza todo el mundo y otros únicamente los científicos. Decidí ilustrar su utilidad vistiéndolos de manera diferente, pero resultó más difícil de lo que pensaba. De hecho, algunos elementos tienen múltiples usos, lo que hace difícil decidir a qué grupo pertenecen exactamente. En realidad, estas categorías deben servir únicamente como referencia genérica.

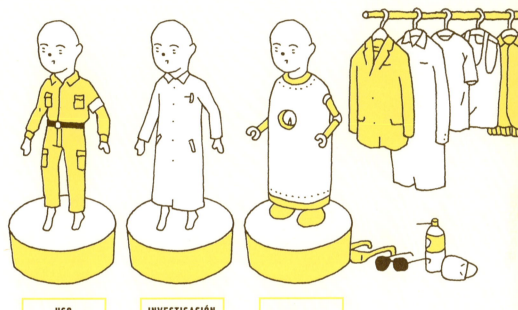

USO ESPECIALIZADO

Los elementos con usos especializados visten ropa de trabajo.

INVESTIGACIÓN CIENTÍFICA

Estos elementos no son de uso común, sino que se encuentran en laboratorios de investigación, y por eso visten batas de laboratorio.

ARTIFICIAL

Los elementos creados por la mano humana visten como robots. (Se utilizaron para construir a Gundam).

スーパー元素周期表

LA SUPERTABLA PERIÓDICA DE LOS ELEMENTOS

Esta es la supertabla periódica. Como podéis ver, los elementos se van haciendo más gorditos en cada fila y se agrupan en columnas según sus propiedades. Este enfoque ilustrativo hace que la tabla periódica sea más fácil de leer.

En el interior del libro encontraréis un póster de la supertabla periódica de los elementos para apreciar todos los detalles.

3

LOS ELEMENTOS PERSONIFICADOS

元素キャラクター

Veamos ahora cada elemento por separado.

LO INTERESANTE ES QUE UN MISMO ELEMENTO SE PUEDE ENCONTRAR EN LA TIERRA, EN EL AIRE O EN LOS SERES VIVOS.

El oxígeno, por ejemplo, es el protagonista del fenómeno de la combustión, sin embargo, se convierte en agua si se combina con el hidrógeno. Analizaremos los elementos uno a uno, pero no olvidemos que cada cual puede interpretar distintos papeles, por eso he intentado limitar la información a las características de los elementos que podemos encontrar en la vida cotidiana.

¡PERO 118 ELEMENTOS SON MUCHÍSIMOS!

¿Cómo puede un ser humano normal recordar todas las características de todos los elementos de la tabla periódica?
No tengas miedo: si te pierdes, echa un vistazo al índice que tienes a continuación. En él encontrarás los elementos ordenados según su número atómico, para que encontrar el que te interesa sea tan fácil como beberse un vaso de agua.

¡Bueno, ya basta de cháchara! ¡Ahora, a divertirse con los elementos!

ÍNDICE #1

PERÍODO **1 → 3** / NÚMERO ATÓMICO **1 → 18**

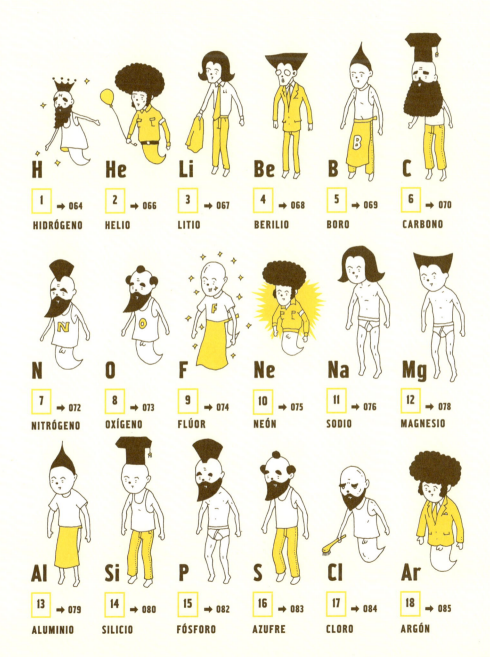

H 1 → 064 HIDRÓGENO	**He** 2 → 066 HELIO	**Li** 3 → 067 LITIO	**Be** 4 → 068 BERILIO	**B** 5 → 069 BORO	**C** 6 → 070 CARBONO
N 7 → 072 NITRÓGENO	**O** 8 → 073 OXÍGENO	**F** 9 → 074 FLÚOR	**Ne** 10 → 075 NEÓN	**Na** 11 → 076 SODIO	**Mg** 12 → 078 MAGNESIO
Al 13 → 079 ALUMINIO	**Si** 14 → 080 SILICIO	**P** 15 → 082 FÓSFORO	**S** 16 → 083 AZUFRE	**Cl** 17 → 084 CLORO	**Ar** 18 → 085 ARGÓN

55

ÍNDICE #2

PERÍODO 4

NÚMERO ATÓMICO 19 → 36

K
| 19 | → 088 |
POTASIO

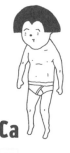
Ca
| 20 | → 090 |
CALCIO

Sc
| 21 | → 092 |
ESCANDIO

Ti
| 22 | → 093 |
TITANIO

V
| 23 | → 094 |
VANADIO

Cr
| 24 | → 095 |
CROMO

Mn
| 25 | → 096 |
MANGANESO

Fe
| 26 | → 098 |
HIERRO

Co
| 27 | → 100 |
COBALTO

Ni
| 28 | → 101 |
NÍQUEL

Cu
| 29 | → 102 |
COBRE

Zn
| 30 | → 103 |
ZINC

Ga
| 31 | → 104 |
GALIO

Ge
| 32 | → 105 |
GERMANIO

As
| 33 | → 106 |
ARSÉNICO

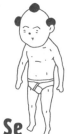
Se
| 34 | → 107 |
SELENIO

Br
| 35 | → 108 |
BROMO

Kr
| 36 | → 109 |
KRIPTÓN

ÍNDICE #3

PERÍODO
5

NÚMERO ATÓMICO
37 ➜ 54

ÍNDICE #4

PERÍODO **NÚMERO ATÓMICO**
6 / **55 → 86**

Cs 55 → 132 CESIO	**Ba** 56 → 133 BARIO	**La** 57 → 134 LANTANO	**Ce** 58 → 135 CERIO	**Pr** 59 → 135 PRASEODIMIO	**Nd** 60 → 136 NEODIMIO	
Pm 61 → 137 PROMETIO	**Sm** 62 → 137 SAMARIO	**Eu** 63 → 138 EUROPIO	**Gd** 64 → 139 GADOLINIO	**Tb** 65 → 139 TERBIO	**Dy** 66 → 140 DISPROSIO	
Ho 67 → 140 HOLMIO	**Er** 68 → 141 ERBIO	**Tm** 69 → 141 TULIO	**Yb** 70 → 142 ITERBIO	**Lu** 71 → 142 LUTECIO	**Hf** 72 → 143 HAFNIO	**Ta** 73 → 143 TÁNTALO
W 74 → 144 TUNGSTENO	**Re** 75 → 145 RENIO	**Os** 76 → 145 OSMIO	**Ir** 77 → 146 IRIDIO	**Pt** 78 → 147 PLATINO	**Au** 79 → 148 ORO	
Hg 80 → 149 MERCURIO	**Tl** 81 → 150 TALIO	**Pb** 82 → 151 PLOMO	**Bi** 83 → 152 BISMUTO	**Po** 84 → 152 POLONIO	**At** 85 → 153 ASTATO	**Rn** 86 → 153 RADÓN

ÍNDICE #5   PERÍODO 7 / NÚMERO ATÓMICO 87 → 118

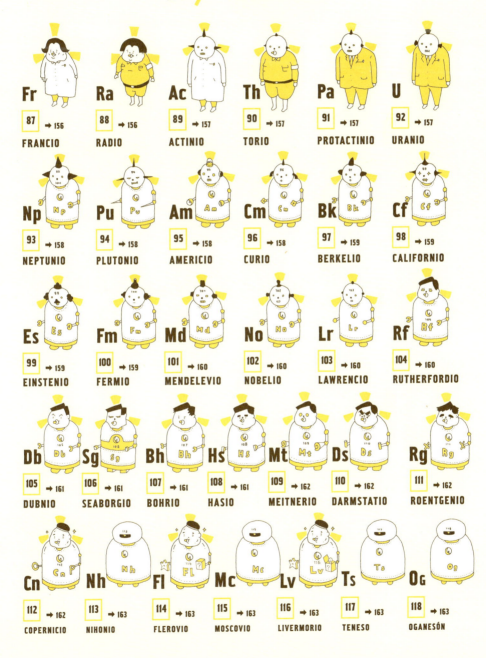

図の見方

CÓMO LEER LAS FICHAS

NÚMERO ATÓMICO

PESO ATÓMICO

Muchas partículas elementales, como los átomos, las moléculas y los isótopos, se miden en moles. Un mol equivale al número de átomos contenidos en 12 gramos de carbono-12 (^{12}C). Los pesos atómicos recogidos en este libro están redondeados a tres dígitos y corresponden al valor oficial reconocido por la Unión Internacional de Química Pura y Aplicada (IUPAC, en sus siglas en inglés). Para los elementos radiactivos con núcleo inestable y que, por lo tanto, carecen de peso atómico definido, se indica entre corchetes el peso de un isótopo estable.

NOMBRE DEL ELEMENTO

Cómo se escribe en japonés y en español.

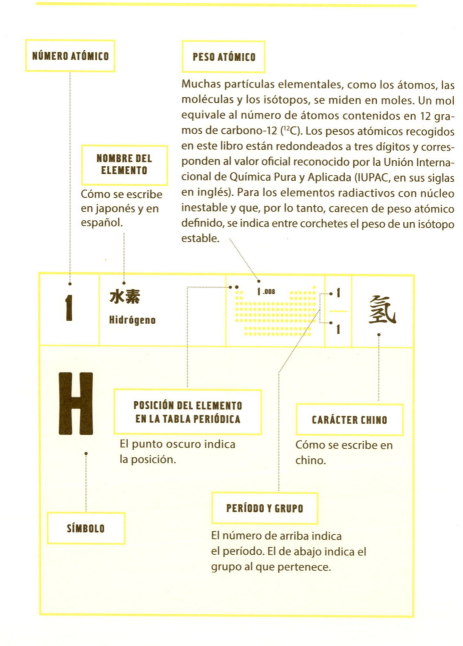

POSICIÓN DEL ELEMENTO EN LA TABLA PERIÓDICA

El punto oscuro indica la posición.

CARÁCTER CHINO

Cómo se escribe en chino.

SÍMBOLO

PERÍODO Y GRUPO

El número de arriba indica el período. El de abajo indica el grupo al que pertenece.

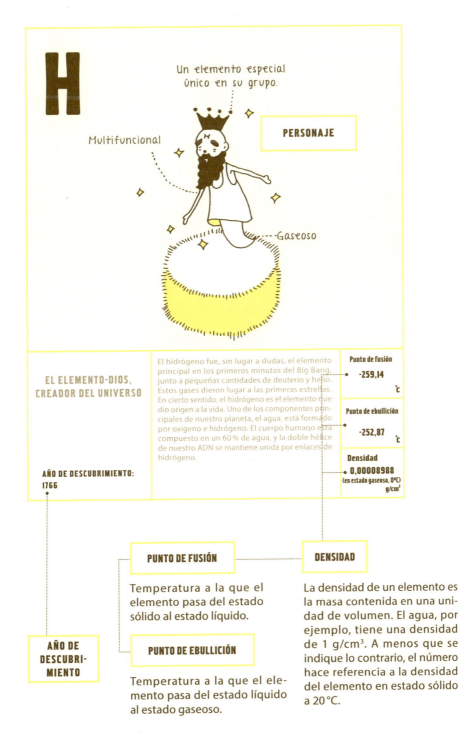

H

Un elemento especial único en su grupo.

Multifuncional

PERSONAJE

Gaseoso

EL ELEMENTO-DIOS, CREADOR DEL UNIVERSO

El hidrógeno fue, sin lugar a dudas, el elemento principal en los primeros minutos del Big Bang, junto a pequeñas cantidades de deuterio y helio. Estos gases dieron lugar a las primeras estrellas. En cierto sentido, el hidrógeno es el elemento que dio origen a la vida. Uno de los componentes principales de nuestro planeta, el agua, está formado por oxígeno e hidrógeno. El cuerpo humano está compuesto en un 60 % de agua, y la doble hélice de nuestro ADN se mantiene unida por enlaces de hidrógeno.

AÑO DE DESCUBRIMIENTO:
1766

Punto de fusión
-259,14 ºC

Punto de ebullición
-252,87 ºC

Densidad
0,00008988
(en estado gaseoso, 0ºC)
g/cm³

PUNTO DE FUSIÓN

Temperatura a la que el elemento pasa del estado sólido al estado líquido.

PUNTO DE EBULLICIÓN

Temperatura a la que el elemento pasa del estado líquido al estado gaseoso.

DENSIDAD

La densidad de un elemento es la masa contenida en una unidad de volumen. El agua, por ejemplo, tiene una densidad de 1 g/cm³. A menos que se indique lo contrario, el número hace referencia a la densidad del elemento en estado sólido a 20 °C.

AÑO DE DESCUBRIMIENTO

周 期

PERÍODO

1 → 3

原子番号

NÚMERO ATÓMICO

1→18

1 水素
HIDRÓGENO

1,008	1	氢
	1

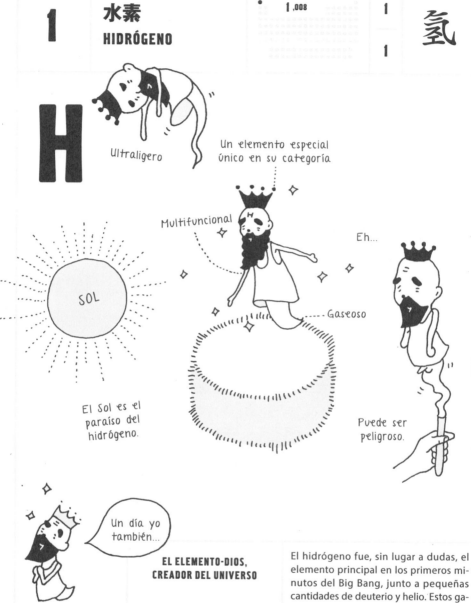

Ultraligero

Un elemento especial único en su categoría

Multifuncional

Eh...

Gaseoso

El Sol es el paraíso del hidrógeno.

Puede ser peligroso.

Un día yo también...

EL ELEMENTO-DIOS, CREADOR DEL UNIVERSO

El hidrógeno fue, sin lugar a dudas, el elemento principal en los primeros minutos del Big Bang, junto a pequeñas cantidades de deuterio y helio. Estos gases dieron lugar a las primeras estrellas. En cierto sentido, el hidrógeno es el elemento que dio origen a la vida. Uno de los componentes principales de nuestro planeta, el agua, está formado por oxígeno e hidrógeno. El cuerpo humano está compuesto en un 60 % de agua, y la doble

AÑO DE DESCUBRIMIENTO: 1766

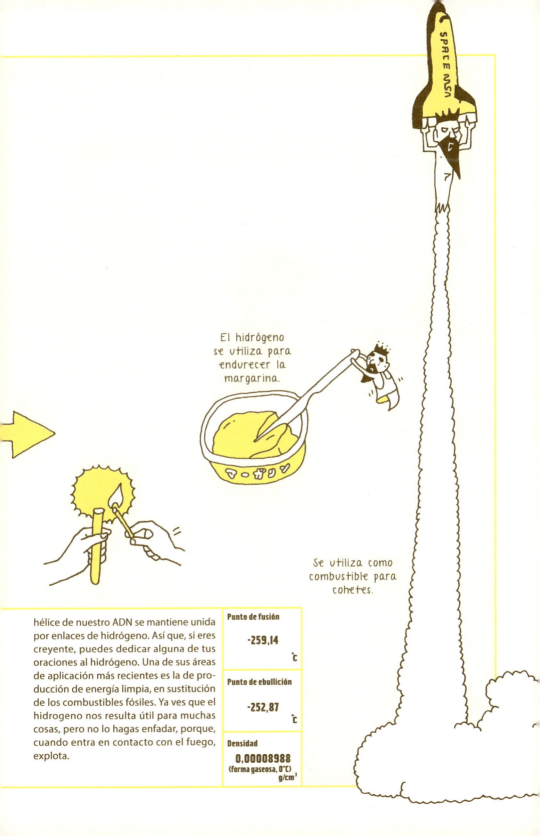

El hidrógeno se utiliza para endurecer la margarina.

Se utiliza como combustible para cohetes.

hélice de nuestro ADN se mantiene unida por enlaces de hidrógeno. Así que, si eres creyente, puedes dedicar alguna de tus oraciones al hidrógeno. Una de sus áreas de aplicación más recientes es la de producción de energía limpia, en sustitución de los combustibles fósiles. Ya ves que el hidrogeno nos resulta útil para muchas cosas, pero no lo hagas enfadar, porque, cuando entra en contacto con el fuego, explota.

Punto de fusión

-259,14 °C

Punto de ebullición

-252,87 °C

Densidad

0,00008988
(forma gaseosa, 0°C)
g/cm³

2 ヘリウム
HELIO

4,003 | 1/18

He

En los zepelines

Gas noble

¿Eh? Se escapa.

Muy fluido

Gaseoso

Ondas sonoras

Te hace la voz más aguda.

A −271 °C se convierte en un superfluido.

¡EL GAS DESPREOCUPADO QUE LEVANTA EL ÁNIMO!

Los niños lo conocen por las graciosas voces que provoca y por los globos. Este elemento histórico estuvo presente, junto con el hidrógeno, en los primeros minutos después del Big Bang: sin la presencia de ambos, no se habrían formado todos los otros. Además, son los únicos dos elementos más ligeros que el aire; una especie de líderes que miran al resto desde las alturas. A diferencia del hidrógeno, que explota cuando se enfada, el helio es más bueno que el pan y no es inflamable.

AÑO DE DESCUBRIMIENTO: 1868

Punto de fusión
−272,2
(BAJO PRESIÓN)
°C

Punto de ebullición
−268,934
°C

Densidad
0,0001785
(forma gaseosa, 0°C)
g/cm³

3 リチウム / LITIO

6,941 | 2/1 | 锂

LA FUENTE DE ALIMENTACIÓN EN LA ERA DE LOS MÓVILES

AÑO DE DESCUBRIMIENTO: 1817

El litio, el más ligero de los metales, también se originó en la época del Big Bang, por lo que casi podríamos decir que el hidrógeno, el helio y el litio son, en realidad, trillizos. Aunque en realidad había tan poco litio que no tuvo un papel muy destacado. Sin embargo, en la actualidad es un componente fundamental para las baterías de iones de litio de los teléfonos móviles. Es ligero, potente, fácil de recargar y no se deteriora. Y, como está presente en el agua de mar, no parece que se vaya a agotar pronto.

Punto de fusión
180,54 °C

Punto de ebullición
1340 °C

Densidad
0,534 (0°C) g/cm³

67

4 ベリリウム
BERILIO

9 ,012

2
2

铍

Be

Duro

Otros metales

Tóxico

El rey de los muelles

Muelles capaces de soportar más de veinte mil millones de contracciones

Sólido

Ligero

Nocivo para los pulmones

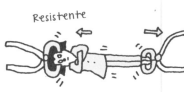
Resistente

¡LEGENDARIO! ¡LA ÉLITE DEL TALENTO!

Es un metal de élite, un dechado de virtudes. Su peso es dos tercios el peso del aluminio. Es resistente al calor, tiene un punto de fusión de 1278 °C y con él se pueden fabricar muelles capaces de soportar más de veinte mil millones de contracciones. El problema es que en forma de polvo es tan tóxico que puede llegar a ser letal. Y como para transformarlo hay que reducirlo a polvo, es delicado de manipular y es necesario vestir un traje de protección, lo cual termina limitando su uso.

AÑO DE DESCUBRIMIENTO:
1797

Punto de fusión
1278
(BAJO PRESIÓN)
°C

Punto de ebullición
2970
°C

Densidad
1,8477
g/cm³

5 ホウ素
BORO

10,81 | 2 | 13

硼

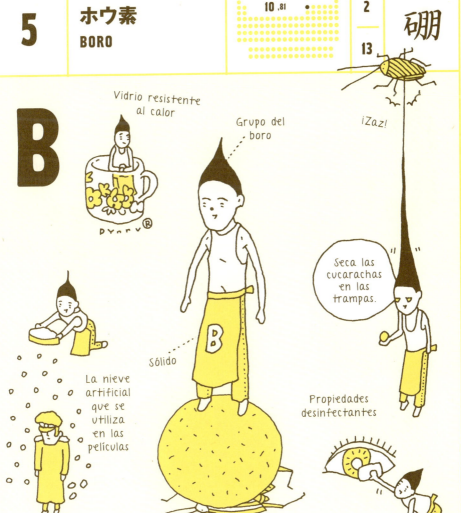

EL QUE NOS AYUDA TODOS LOS DÍAS

AÑO DE DESCUBRIMIENTO: 1892

Raramente se utiliza en forma pura; es más frecuente usarlo en compuestos. Por ejemplo, el término técnico para el Pyrex, un material resistente al calor, es vidrio borosilicatado; se trata de un vidrio al que se añade óxido de boro, lo que limita su dilatación y contracción. Los diamantes más duros se pueden crear combinando boro con carbono. La creación de nuevos compuestos de boro es una excelente forma de darse a conocer en el campo de la química. De hecho, ya se han otorgado dos premios Nobel por investigaciones sobre compuestos de boro.

Punto de fusión
2300 °C

Punto de ebullición
3658 °C

Densidad
2,34
(forma cristalina)
g/cm³

6

炭素
CARBONO

12,01 | 2
14

碳

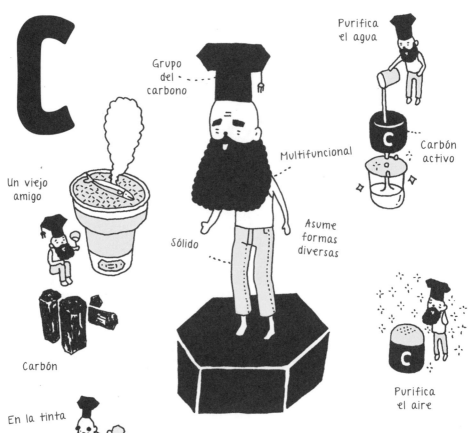

ES PARTE DE TODOS LOS SERES VIVOS

AÑO DE DESCUBRIMIENTO: ANTIGÜEDAD

El carbono es el componente básico de todos los seres vivos. La cadena alimentaria también podría llamarse «el tira y afloja del carbono». Los carbohidratos, las proteínas y todos los demás nutrientes que necesitamos están formados por compuestos de carbono. Lo mismo ocurre con nuestras células, con el ADN y con los vegetales que comemos. Las plantas crean sus carbohidratos a partir del dióxido de carbono mediante un proceso llamado «fotosíntesis». El carbono es también el cuarto

Sus propiedades cambian según el tipo de enlaces que establece.

Lápiz de grafito

Diamantes

Nanotubos de carbono

Todas las formas de vida

En la naturaleza hay más de diez millones de compuestos de carbono distintos.

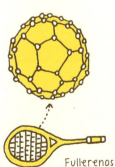

Fullerenos

elemento más abundante en el universo y se presenta en varias formas, desde el grafito de nuestros lápices hasta los diamantes; aunque son tan diferentes que cuesta creer que estén formados por el mismo elemento. Se encuentra en el carburante, en el plástico, en la ropa y en algunos medicamentos. Y en los últimos tiempos, la investigación sobre los nanotubos de carbono está despertando un gran interés.

Punto de fusión
3550
(diamante)
°C

Punto de ebullición
4827
(sublimación) °C

Densidad
3,513
(diamante)
g/cm³

7 窒素
NITRÓGENO

14,01

2
15

Grupo del nitrógeno

Como fertilizante

Un peligroso explosivo

¡Crac!

Multifuncional

Gaseoso

El hidrógeno líquido enfría los objetos hasta -196 °C.

El aire está compuesto por un 80% de nitrógeno.

¡SIMPÁTICO Y TRANQUILO! ¡PERO TAMBIÉN PELIGROSO!

El nitrógeno constituye, aproximadamente, el 80% del aire que respiramos. Es también el componente principal de nuestro ADN, así como de las proteínas presentes en nuestro cuerpo. Puede parecer inofensivo, pero muchos explosivos, como la nitroglicerina y la dinamita, se fabrican con compuestos de nitrógeno. Combinado con el oxígeno, da lugar a sustancias peligrosas que causan polución atmosférica. En cambio, el nitrógeno líquido se usa en la criogenia y para preparar helados.

AÑO DE DESCUBRIMIENTO: 1772

Punto de fusión
-209,86 °C

Punto de ebullición
-195,8 °C

Densidad
0,0012506
(forma gaseosa, 0°C)
g/cm³

| 8 | 酸素 **OXÍGENO** |  16,00 | 2 / 16 | |

EL ELEMENTO QUE PROTEGE EL PLANETA

El oxígeno que necesitan los seres vivos para respirar representa alrededor del 20 % de la atmósfera terrestre y se produce principalmente con la fotosíntesis de las plantas. Un fuego activo consume oxígeno; la capa de ozono que nos protege de los rayos ultravioleta del sol está formada por este mismo elemento. El óxido y el moho son dos formas de oxidación que se producen cuando el oxígeno se combina con otros elementos y modifica sus propiedades.

AÑO DE DESCUBRIMIENTO: 1774

Punto de fusión -218,4 ˚C

Punto de ebullición -182,96 ˚C

Densidad 0,001429 (forma gaseosa, 0°C) g/cm³

9 フッ素 / FLÚOR

19,00 | 2 / 17

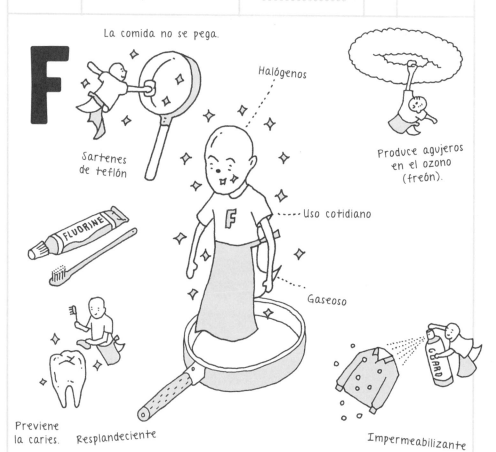

UN VENENO MUY ÚTIL

Cuando pensamos en el flúor, lo primero que se nos viene a la cabeza son la pasta de dientes y las sartenes. El flúor se adhiere a nuestros dientes después de cepillarlos y ayuda a protegerlos de las bacterias, mientras que recubrir sartenes y paraguas con polímeros fluorados los hace antiadherentes e impermeables. Sin embargo, el flúor puro es muy tóxico y aislarlo de sus compuestos no fue tarea fácil. El primero en lograrlo, el químico francés Moissan, recibió el Premio Nobel en 1906.

AÑO DE DESCUBRIMIENTO: 1886

Punto de fusión
-219,62 °C

Punto de ebullición
-188,14 °C

Densidad
0,001696
(forma gaseosa, 0°C)
g/cm³

| 10 | ネオン
NEÓN | 20,18 | 2
18 | |

Ne

Gases nobles

Brillante

1912

La primera luz de neón se utilizó en Montmartre en 1912.

Usos especializados

Gaseoso

Crea potentes láseres.

Cuando se somete a una descarga eléctrica, emana un color rojo brillante.

EL REY DE LA NOCHE QUE NACIÓ EN PARÍS

Hoy en día, las luces de neón iluminan de colores las noches de muchas ciudades. Se trata de tubos de vidrio llenos de neón por los cuales pasa una corriente eléctrica. La primera luz de neón se utilizó en 1912 en el barrio de Montmartre de París. El neón es un gas muy estable que produce un brillo rojo anaranjado cuando es atravesado por una descarga eléctrica. Sin embargo, es posible modificar el color añadiendo otros elementos: el helio lo hace amarillo; el mercurio, turquesa, y el argón, azul.

Punto de fusión
-248,67 °C

Punto de ebullición
-246,05 °C

Densidad
0,00089994
(forma gaseosa, 0°C)
g/cm³

AÑO DE DESCUBRIMIENTO:
1898

11 ナトリウム
SODIO

22,99 | 3/1 | 钠

Na

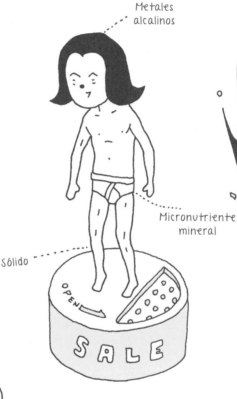

Metales alcalinos

Se libera hidrógeno.

Micronutriente mineral

Sólido

Reacciona con el agua de forma explosiva.

Llama amarilla

Sales de baño

EL PREFERIDO DE LA FAMILIA: PERFECTO PARA LA COMIDA Y LA LIMPIEZA

AÑO DE DESCUBRIMIENTO: 1807

¡Los compuestos de sodio son excelentes para las tareas domésticas! Por ejemplo, la sal común (cloruro de sodio) y la levadura (bicarbonato de sodio) son indispensables en la cocina. Algunos productos para la limpieza como la lejía (hipoclorito de sodio) o el jabón están hechos de compuestos de sodio. El laurilsulfato de sodio, que funciona como tensioactivo, es un componente fundamental de los productos de higiene personal, como geles o champús. Pero este personaje tan querido

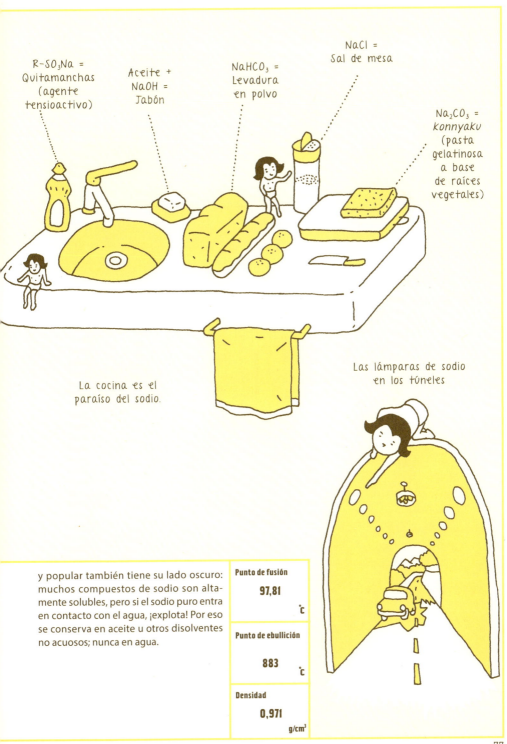

y popular también tiene su lado oscuro: muchos compuestos de sodio son altamente solubles, pero si el sodio puro entra en contacto con el agua, ¡explota! Por eso se conserva en aceite u otros disolventes no acuosos; nunca en agua.

Punto de fusión

97,81 °C

Punto de ebullición

883 °C

Densidad

0,971 g/cm³

| 12 | マグネシウム
MAGNESIO | 24,31 | 3/2 | 镁 |

UN ESTUDIANTE EJEMPLAR

Más ligero que el aluminio y tan resistente como el acero, el magnesio tiene excelentes propiedades aislantes, tanto desde el punto de vista eléctrico como magnético. Es perfecto para las carcasas de los ordenadores portátiles y de los teléfonos móviles. Pero el magnesio no es solo un elemento «tecnológico»; de hecho, se encuentra en abundancia tanto en el tofu como en la clorofila, la responsable de la coloración verde de las plantas. Además de todas estas cualidades, también es eficaz como antiácido y laxante.

AÑO DE DESCUBRIMIENTO:
1808

Punto de fusión
650 °C

Punto de ebullición
1095 °C

Densidad
1,738 g/cm³

13 アルミニウム
ALUMINIO

26,98 — 3/13 — 铝

EL METAL MÁS COMÚN DE LA TIERRA

El aluminio es un metal ligero, muy maleable, que no se oxida, con una alta conductividad eléctrica y muy económico. Permite realizar aleaciones con otros materiales fácilmente. Lo encontramos en forma de moneda, de papel de aluminio, en la carpintería de aluminio de los hogares y en la industria aeroespacial. Es un buen antiácido y gastroprotector. Además, puede tener una eficaz acción antiestrés, muy útil para la vida frenética de la sociedad actual.

Punto de fusión 660,37 ºC

Punto de ebullición 2520 ºC

Densidad 2,698 g/cm³

AÑO DE DESCUBRIMIENTO: 1807

14 ケイ素 **SILICIO** 28,09 **3** **14** 硅

Si

Grupo del carbono
En realidad, es arena.
Multifuncional
Sólido
LSI
Imprescindible para los circuitos integrados
Semiconductores
¡Jo, jo!
Silicona
Todo tipo de recipientes

UN ARTESANO DIGITAL QUE VIENE DEL DESIERTO

AÑO DE DESCUBRIMIENTO: 1823

La próxima vez que alguien te pregunte por el silicio, dile que es arena. Es el segundo elemento más abundante en la corteza terrestre; se encuentra en forma de dióxido de silicio, por ejemplo, en los cristales de cuarzo o en los silicatos. Gracias a su dureza, en la antigüedad se utilizaba para fabricar vidrio. Hoy en día es el elemento principal de la era digital. Es vital para la creación de semiconductores y pilas solares. En forma de silicona también se utiliza, entre otras cosas, para les tetillas

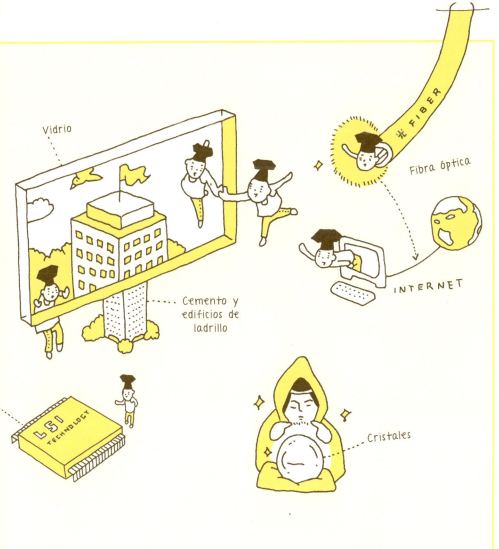

Vidrio

Fibra óptica

INTERNET

Cemento y edificios de ladrillo

Cristales

Bálsamo

de los biberones y para los implantes mamarios. La arena rica en dióxido de silicio tiene una gran resistencia al calor y se utiliza en la fabricación de ladrillos. El amianto, que contiene silicio, fue muy popular a finales del siglo XIX, pero ahora sabemos que sus fibras pueden acumularse en los pulmones y son altamente cancerígenas. Sin embargo, el silicio puro no es tóxico en absoluto.

Punto de fusión
1410 °C
Punto de ebullición
2355 °C
Densidad
2,329 g/cm³

| 15 | リン
FÓSFORO | 30,97 | 3 / 15 | 磷 |

¡TODO EMPEZÓ CON UN PIPÍ!
EL ELEMENTO EXUBERANTE

Mientras Isaac Newton estaba ocupado esquivando manzanas, los alquimistas descubrieron el fósforo experimentando con la evaporación de la orina. Según la forma cristalina en la que se encuentre, puede tener un aspecto blanco, rojo o violeta. Nuestro ADN y nuestras células lo necesitan para funcionar correctamente. También es indispensable como fertilizante agrícola. El fósforo rojo se utiliza en las cabezas de las cerillas y en los petardos de las pistolas de juguete.

AÑO DE DESCUBRIMIENTO: 1669

Punto de fusión
44,2
(fósforo blanco) °C

Punto de ebullición
279,9
(fósforo blanco) °C

Densidad
1,82
(fósforo blanco) g/cm³

16 硫黄 AZUFRE

32.07 | 3/16 | 硫

ES FUENTE DE VITALIDAD... ¡PERO APESTA!

AÑO DE DESCUBRIMIENTO: ANTIGÜEDAD

El olor a huevos podridos de las aguas termales y el fuerte olor que desprenden el ajo y la cebolla se deben al azufre. ¡Y los medicamentos nunca saben bien! No solo los aminoácidos de nuestro organismo contienen azufre, sino que debemos recordar que este elemento nos ayuda desde hace décadas, ya que está presente en el primer antibiótico del mundo: la penicilina. Sin embargo, el dióxido de azufre, un subproducto de los motores de combustión, es terriblemente contaminante, ya que puede formar ácido sulfúrico en la atmósfera, que vuelve a caer al suelo en forma de lluvia ácida.

Punto de fusión
112,8
(forma cristalina) °C

Punto de ebullición
444,674 °C

Densidad
2,07
(forma cristalina) g/cm³

17 塩素
CLORO

35,45 · 3
17
氯

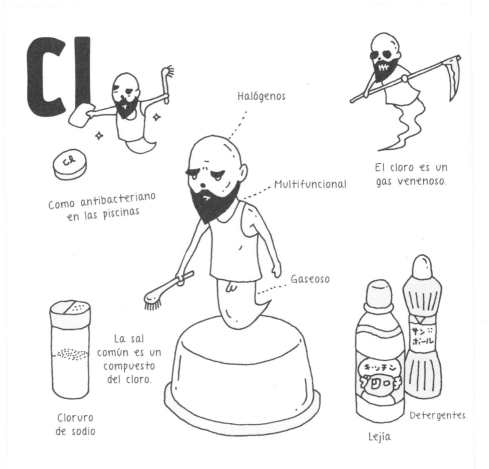

- Halógenos
- Multifuncional
- Gaseoso
- El cloro es un gas venenoso.
- Como antibacteriano en las piscinas
- La sal común es un compuesto del cloro.
- Cloruro de sodio
- Lejía
- Detergentes

¡MATANDO BACTERIAS NO TIENE RIVAL!

El cloro se suele utilizar como antibacteriano en las depuradoras de agua y en las piscinas. Si bien es cierto que ha desempeñado un papel importante en la erradicación de enfermedades epidémicas como el tifus y el cólera, no hay que olvidar que fue utilizado como arma química durante la Primera Guerra Mundial. Lo encontramos en muchos materiales y objetos cotidianos, como el PVC, los tubos de agua o las gomas de borrar. En su estado nativo es un gas muy tóxico; sin embargo, en forma de cloruro es necesario para casi todas las formas de vida.

AÑO DE DESCUBRIMIENTO: 1774

Punto de fusión
-100,98 °C

Punto de ebullición
-33,97 °C

Densidad
0,003214 (0°C) g/cm³

18 アルゴン
ARGÓN

39,95 | 3/18 | 氬

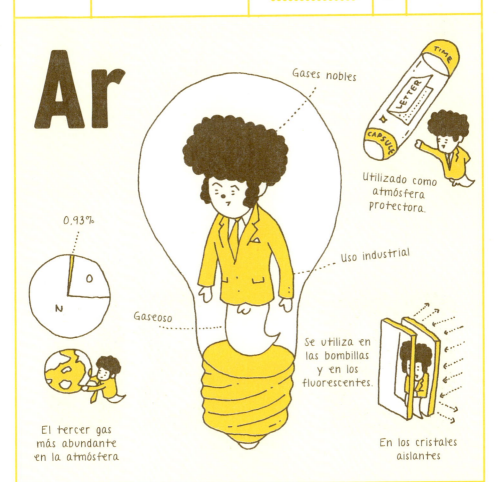

Ar

- Gases nobles
- Utilizado como atmósfera protectora.
- Uso industrial
- Gaseoso
- Se utiliza en las bombillas y en los fluorescentes.
- 0,93%
- El tercer gas más abundante en la atmósfera
- En los cristales aislantes

AFABLE Y CERCANO

El argón es un elemento tremendamente estable, ideal para la conservación de textos antiguos y para la protección de sustancias que reaccionan violentamente con el oxígeno y el hidrógeno en el laboratorio. También lo encontramos en los tubos de los fluorescentes, donde sirve como detonador de la descarga eléctrica. La atmósfera de la Tierra está compuesta, aproximadamente, por un 78% de nitrógeno, un 21% de oxígeno y el 1% restante, de argón.

AÑO DE DESCUBRIMIENTO: 1894

Punto de fusión
-189,37 °C

Punto de ebullición
-185,86 °C

Densidad
0,001784 g/cm³

周期

PERÍODO

4

原子番号

NÚMERO ATÓMICO

19 → 36

19 カリウム
POTASIO

39,10 | 4/1 | 钾

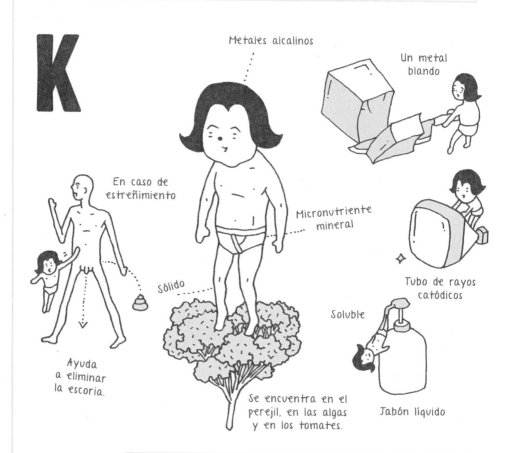

UN METAL CON MUCHO BRÍO

AÑO DE DESCUBRIMIENTO: 1807

El potasio es un micronutriente (o sal) mineral imprescindible para nuestro cuerpo y uno de los tres principales fertilizantes utilizados en la agricultura. Tanto el potasio como el sodio están presentes en nuestras células; ayudan a los nervios a transmitir estímulos y a los músculos a contraerse. El potasio puede formar multitud de sales con diferentes propiedades, según el elemento con el que se combine. Además del sulfato y el cloruro usados como fertilizantes, las sales de potasio se usan en la producción de jabones. El

nitrato de potasio (un compuesto iónico) se usa en los fuegos artificiales y en la pólvora. Si bien la presencia del potasio es habitual en los hogares, también es cierto que está presente en algunos venenos muy famosos, como el cianuro de potasio, un compuesto altamente soluble compuesto por potasio, carbono y nitrógeno.

Punto de fusión
63,65 °C

Punto de ebullición
774 °C

Densidad
0,862 g/cm³

| 20 | カルシウム
CALCIO | 40,08 | 4 / 2 | 钙 |

Ca

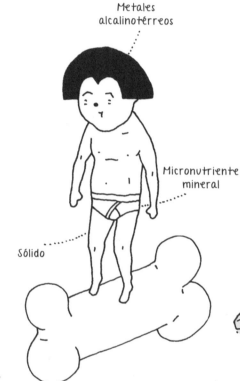

Metales alcalinotérreos

Micronutriente mineral

Sólido

Cuando arde produce una llama amarilla anaranjada.

Se encuentra en la leche y en el yogur.

Tiza

UN TRABAJADOR VESTIDO DE BLANCO AL SERVICIO DE LOS HUESOS Y LOS DIENTES

AÑO DE DESCUBRIMIENTO: 1808

El calcio puro es un metal blanco. Está presente en el yogur y en la leche, y es uno de los elementos imprescindibles y más populares. El cuerpo de una persona adulta contiene alrededor de 1 kg de calcio que forma, entre otras cosas, nuestro esqueleto y nuestros dientes. Los avances científicos más recientes han permitido obtener artificialmente el componente principal de los huesos: el fosfato de calcio. Esto, a su vez, ha hecho posible desarrollar la tecnología necesaria para elaborar prótesis dentales más naturales y dejar atrás

El mármol está hecho de calcio (carbonato de calcio).

Amigos

El yeso también es calcio.

Ca 2%

El metal más común en el cuerpo humano

Conchas

Perlas

En las estalactitas

Anticongelante para el invierno

los empastes de amalgama. ¿No te parece extraño que casi todos los «minerales» que contiene nuestro cuerpo sean, en realidad, elementos metálicos? Asociamos las sustancias nutrientes que conocemos como vitaminas a micronutrientes minerales, aunque lo cierto es que químicamente se trata de compuestos orgánicos. ¡Las vitaminas son, en realidad, compuestos orgánicos!

Punto de fusión
839 °C

Punto de ebullición
1484 °C

Densidad
1,55 g/cm³

21 スカンジウム
ESCANDIO

44,96 | 4/3 | 钪

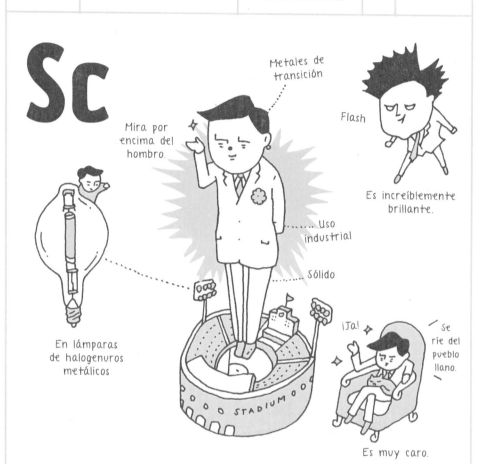

Sc

- Metales de transición
- Mira por encima del hombro.
- Flash
- Es increíblemente brillante.
- Uso industrial
- Sólido
- En lámparas de halogenuros metálicos
- ¡Ja!
- Se ríe del pueblo llano.
- Es muy caro.

UNA PEQUEÑA ESTRELLA DISCRETA PERO CARA

A pesar de ser uno de los elementos con un número atómico bajo (donde se encuentran los elementos esenciales), es escaso y muy caro. Si bien su peso atómico y otras propiedades son similares a las del aluminio, se funde a una temperatura el doble de alta. Los fluorescentes a base de escandio son más brillantes, consumen menos electricidad y duran más que los halógenos, por eso se utilizan para la iluminación de los coches de lujo y en los estadios deportivos.

AÑO DE DESCUBRIMIENTO: 1879

Punto de fusión
1541 °C

Punto de ebullición
2831 °C

Densidad
2,989 g/cm³

22 チタン / TITANIO

 47,87

 4/4 钛

UN METAL INTELIGENTE Y ÚTIL

Se utiliza para gafas, pendientes, palos de golf, cosméticos y muchos otros objetos cotidianos. Hasta hace treinta años el titanio solo se usaba para los aviones de caza y los submarinos, pero, gracias al desarrollo de la tecnología de extracción minera, se ha convertido en un elemento muy habitual. Se trata de un metal inerte, capaz de resistir la corrosión tanto del agua de mar como de muchas otras sustancias, y es muy útil para las personas alérgicas. Es ligero, resistente y abundante en la naturaleza.

AÑO DE DESCUBRIMIENTO: 1795

Punto de fusión 1760 °C

Punto de ebullición 3287 °C

Densidad 4,54 g/cm³

23 バナジウム
VANADIO

50.94 | 4/5 | 钒

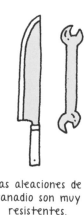

Metales de transición

Multifuncional

Las aleaciones de vanadio son muy resistentes.

Dicen que es bueno para la salud.

Sólido

Mt. Fuji

Para los pigmentos azules (vanadio – zirconio azul)

EL PREFERIDO DE LOS FANÁTICOS DE LA SALUD

Algunos científicos creen que el vanadio tiene efectos positivos sobre el nivel de azúcar en la sangre, aunque hay opiniones divergentes al respecto. Las aguas freáticas alrededor del monte Fuji contienen una gran cantidad de vanadio, por eso, a veces, se las llama «aguas de vanadio». Algunos tipos de alga, como el alga *hijiki* y el alga *nori*, son ricos en este elemento, así como algunas especies de invertebrados marinos, como los tunicados, cuya sangre contiene pequeñas cantidades de vanadio.

AÑO DE DESCUBRIMIENTO: 1830

Punto de fusión
1887 ºC

Punto de ebullición
3377 ºC

Densidad
6,11 (19ºC) g/cm³

| 24 | クロム
CROMO | 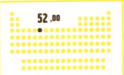 52,00 | 4/6 | 铬 |

Cr

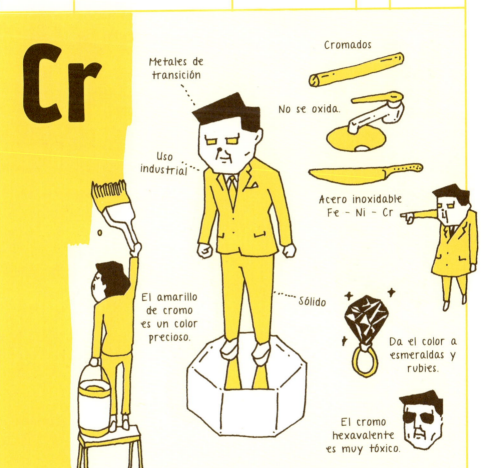

UN ARTISTA ATORMENTADO

De un tiempo a esta parte la popularidad del cromo ha bajado mucho a causa de los problemas de contaminación que puede causar. Aunque lo cierto es que la contaminación proviene, principalmente, del cromo hexavalente, mientras que el cromo metálico y los compuestos de cromo trivalente no se consideran peligrosos para la salud. Encontramos trazas de cromo en piedras preciosas como esmeraldas y rubíes, y con un óxido de cromo trivalente hidratado se prepara un color muy apreciado en pintura, el verde Veronese. También es uno de los componentes del acero inoxidable. Ojalá estos éxitos le hagan recuperar su reputación.

AÑO DE DESCUBRIMIENTO: 1797

Punto de fusión
1857 °C

Punto de ebullición
2672 °C

Densidad
7,19 g/cm³

25 マンガン
MANGANESO

54,94 | 4/7

锰

UN CURRANTE DE LA VIEJA ESCUELA

El manganeso es un metal que se encuentra tanto en la tierra como en el fondo del mar y es conocido por ser uno de los principales componentes de las pilas secas. Las pilas de manganeso se utilizan desde finales del siglo XIX, pero han sido sustituidas progresivamente por las pilas alcalinas, aunque en realidad no hay mucha diferencia entre ellas. El manganeso también es un elemento necesario para nuestro metabolismo.

AÑO DE DESCUBRIMIENTO: 1774

Punto de fusión
1244 °C

Punto de ebullición
1962 °C

Densidad
7,44 g/cm³

| 26 | 鉄
HIERRO | 55,85
—
4 / 8 | 铁 |

Fe

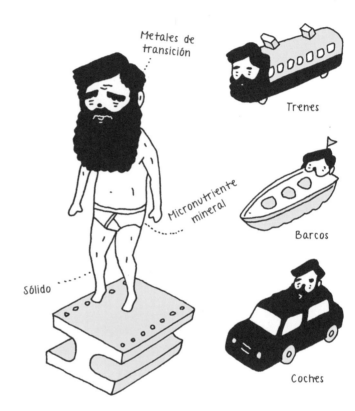

Metales de transición

Trenes

Micronutriente mineral

Barcos

Sólido

Coches

Calentadores portátiles

Cintas magnéticas de casete

EL QUE INICIÓ LA CIVILIZACIÓN

El descubrimiento del hierro fue un punto de inflexión en la historia de la humanidad, permitió abandonar las herramientas de piedra y representó un paso decisivo hacia la civilización. Los primeros en utilizar el hierro fueron los hititas, hacia el 1500 a. C. Cuando su imperio se derrumbó, el pueblo hitita se dispersó por todo el mundo antiguo, llevando consigo conocimientos que permitieron que muchas poblaciones cambiaran gradualmente sus usos y costumbres. El hierro supone

AÑO DE DESCUBRIMIENTO: LA ANTIGÜEDAD

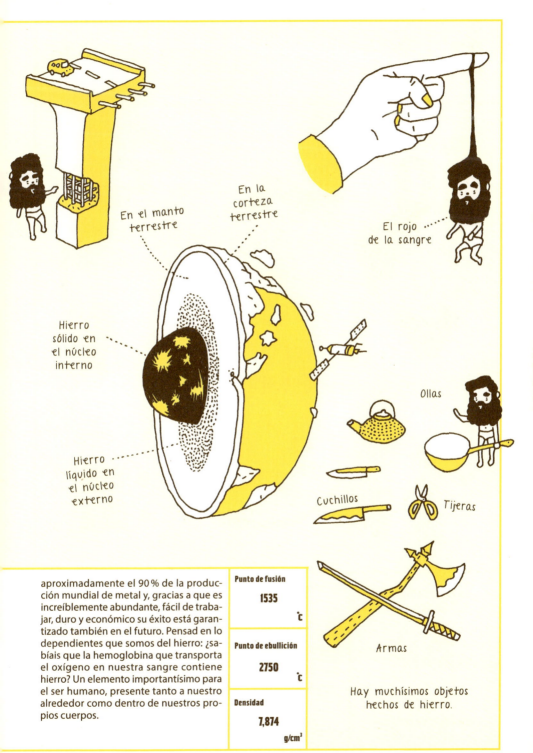

En el manto terrestre

En la corteza terrestre

El rojo de la sangre

Hierro sólido en el núcleo interno

Hierro líquido en el núcleo externo

Ollas

Cuchillos

Tijeras

Armas

Hay muchísimos objetos hechos de hierro.

aproximadamente el 90 % de la producción mundial de metal y, gracias a que es increíblemente abundante, fácil de trabajar, duro y económico su éxito está garantizado también en el futuro. Pensad en lo dependientes que somos del hierro: ¿sabíais que la hemoglobina que transporta el oxígeno en nuestra sangre contiene hierro? Un elemento importantísimo para el ser humano, presente tanto a nuestro alrededor como dentro de nuestros propios cuerpos.

Punto de fusión
1535 °C

Punto de ebullición
2750 °C

Densidad
7,874 g/cm³

27 — コバルト / COBALTO

58,93 — 4/9 — 钴

Co

- Metales de transición
- Uso industrial
- Sólido
- No habría pintura sin azul cobalto.
- Gotas para los ojos
- Imanes
- cobalt BLUE
- cobalt GREEN

UN TÉCNICO DIGITAL CON UN MONO AZUL

Seguramente conocéis el cobalto por su uso como pigmento, un precioso color azul, pero ¿sabíais que su nombre deriva de la palabra alemana *kobold* (coboldo) que significa «duende»? Cuando los mineros alemanes del siglo XVIII encontraban cobalto en lugar de plata, acusaban a los duendes traviesos de la montaña de jugarles una mala pasada. En la actualidad, sus propiedades lo hacen muy útil para producir discos duros de ordenador y muchos artículos más.

Punto de fusión
1495 °C

Punto de ebullición
2870 °C

Densidad
8,9 g/cm³

AÑO DE DESCUBRIMIENTO: 1737

| 28 | ニッケル NÍQUEL | 58,69 | 4 / 10 | 镍 |

Ni

EL DE LA MONEDA DE 100 YENES

AÑO DE DESCUBRIMIENTO: 1751

Las monedas japonesas de 100 y de 50 y el «níquel» estadounidense se acuñan con una aleación de níquel y cobre. Cada año se producen más de un millón de toneladas de níquel en todo el mundo. Este metal se utiliza en forma de aleaciones, en particular con el hierro, junto al cual forma el acero inoxidable, pero también con el titanio (aleaciones con memoria de forma) y el cromo. El níquel ha cogido protagonismo con la aparición de las baterías recargables de níquel-metalhidruro debido a su bajo impacto ambiental.

Punto de fusión
1455 °C

Punto de ebullición
2890 °C

Densidad
8,902 (25°C)
g/cm³

| 29 | 銅 COBRE | 63,55 | 4 / 11 | 铜 |

Cu

Estatuas de bronce

Metales de transición
Micronutriente mineral
Sólido

La moneda de 10 yenes

En la sangre de pulpos, arañas y caracoles

Los cables de cobre tienen una alta conductividad eléctrica.

EL ELEMENTO MÁS AMADO DE LA ANTIGÜEDAD

El objeto de metal más antiguo creado por el ser humano es un colgante de cobre que data de hace diez mil años y fue encontrado en Irak. A pesar de ser un buen conductor del calor y fácil de trabajar, el cobre es demasiado blando para ser utilizado en utensilios que no sean para uso doméstico, sin embargo, combinado con el estaño ha dado origen al bronce, una aleación con la que se han fabricado armas, instrumentos musicales, herramientas agrícolas y muchas cosas más. El descubrimiento de esta aleación fue tan importante que incluso ha dado nombre a una era: ¡la Edad del Bronce! ¡El cobre merece una medalla de oro!

AÑO DE DESCUBRIMIENTO: LA ANTIGÜEDAD

Punto de fusión
1083,5 °C

Punto de ebullición
2567 °C

Densidad
8,96 g/cm^3

| 30 | 亜鉛 ZINC | 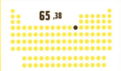 65,38 | 4 / 12 | 锌 |

UN *GOURMET* INTRANSIGENTE

El zinc es un micronutriente mineral muy importante, está presente en nuestro organismo en mayor cantidad que cualquier otro oligoelemento, a excepción del hierro. Ayuda a nuestras papilas gustativas a procesar el sentido del gusto. Una deficiencia de zinc puede condicionar el crecimiento corporal y el aumento de peso. Se utiliza en aleaciones para la producción de orfebrería y platería y también para construir algunos instrumentos musicales, los llamados «metales». En la actualidad también lo encontramos en la producción de luces LED de color azul.

Punto de fusión
419,58 °C

Punto de ebullición
907 °C

Densidad
7,133 g/cm³

AÑO DE DESCUBRIMIENTO: EDAD MEDIA

103

| 31 | ガリウム **GALIO** | 69,72 | 4 / 13 | |

EL EMPOLLÓN AMABLE

¿Os preguntáis qué tipo de elemento es el galio? ¡Debería daros vergüenza! Además de ser un elemento indispensable de la PlayStation y de los lectores Blu-ray, también se utiliza en los semiconductores y las luces LED. Por otra parte, el nitruro de galio está presente en casi todos los dispositivos visuales modernos, lo que ha permitido que estos aparatos emitan unos colores azules que la tecnología antigua era incapaz de lograr. Así pues, gracias al galio disfrutamos de resoluciones más altas, colores más nítidos y, en consecuencia, de un entretenimiento de mejor calidad.

AÑO DE DESCUBRIMIENTO: 1875

Punto de fusión 29,78 °C

Punto de ebullición 2403 °C

Densidad 5,907 g/cm³

| 32 | ゲルマニウム GERMANIO | 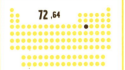 72,64 | 4 / 14 | 锗 |

Ge

- Grupo del carbono
- Uso industrial
- Sólido

TRAN-SISTOR

Nostalgia...
El primer transistor

En los objetivos gran angular de las cámaras fotográficas

Hoy en día ha quedado obsoleto

HACE UNOS AÑOS SE DIVERTÍA MUCHO

Sin duda un elemento que resultará familiar a los aficionados a la radio, ya que el corazón del primer transistor, producido por Sony en 1953, contenía germanio. Fue ampliamente utilizado en los albores de la era de los semiconductores, pero desde entonces ha ido perdiendo importancia desde el punto de vista tecnológico. Recientemente algunos científicos han comenzado a argumentar que es beneficioso para la salud y en Japón se han multiplicado los balnearios que lo utilizan.

Punto de fusión
937,4 °C

Punto de ebullición
2830 °C

Densidad
5,323 g/cm³

AÑO DE DESCUBRIMIENTO: 1885

33   ヒ素
ARSÉNICO

74,92 | 4 / 15 | 砷

As

- Grupo del nitrógeno
- Uso especializado
- ¡Ups!
- Tiene mala fama por su uso como veneno.
- Se utiliza en semiconductores junto con el galio y el indio.
- Sólido
- También está presente en nuestro cuerpo.
- Se puede encontrar en algunos tipos de algas comestibles.
- Presente como compuesto en algunos medicamentos

EL DESPIADADO: EL LADO OSCURO DE LOS ELEMENTOS

La mayoría de la gente seguramente conoce el arsénico como un veneno; se dice que fue el responsable de la muerte de figuras históricas del calibre de Napoleón Bonaparte y Rasputín. Una vez que entra en el cuerpo, bloquea el oxígeno; además, al ser inodoro e insípido, es muy difícil de detectar si está oculto en la comida. Algunas especies de algas marinas contienen arsénico, pero no en cantidad suficiente para ser tóxicas. El arsénico es ampliamente utilizado en la fabricación de semiconductores.

AÑO DE DESCUBRIMIENTO: EDAD MEDIA

Punto de fusión
817
(metálico, bajo presión) °C

Punto de ebullición
616
(sublimación) °C

Densidad
5,78
(arsénico gris metálico) g/cm³

| 34 | セレン SELENIO | 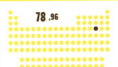 78,96 | 4 / 16 | 硒 |

Se

Se utiliza para fabricar las ventanas de los rascacielos.

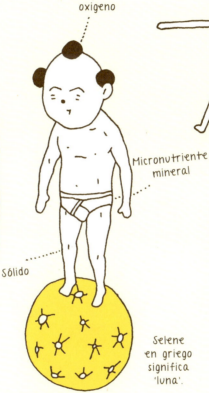

Grupo del oxígeno

Micronutriente mineral

Sólido

Selene en griego significa 'luna'.

Es importante para nuestro cuerpo.

Japón es el primer productor de selenio en el mundo.

BUENO Y MALO A LA VEZ: EL ELEMENTO DE DOS CARAS

Como pertenece a la familia del azufre, el selenio también huele bastante mal, sin embargo, es imprescindible para nuestro metabolismo. La deficiencia de selenio debilita el sistema inmunológico, ¡pero ingerir demasiado puede ser perjudicial para el intestino y el estómago! Está presente en una gran cantidad de alimentos como el marisco, las verduras, la carne de ternera o los huevos. Gracias a sus propiedades fotosensibles, el selenio también se usa en cámaras de visión nocturna.

AÑO DE DESCUBRIMIENTO: 1817

Punto de fusión
217 °C

Punto de ebullición
684,9 °C

Densidad
4,79
(gris selenio semimetálico) g/cm³

| 35 | 臭素 **BROMO** | 79,90 | 4 / 17 | 溴 |

Br

Halógenos
Uso especializado
Líquido
Pedito

Líquido rojo = veneno mortal

Utilizado en fotografía

Ponyo, Ponyo...
En agua de mar

MÁS ROMÁNTICO DE LO QUE PARECE

En 1826, dos jóvenes estudiantes de química, el francés Antoine Jérôme Balard y el alemán Carl Jacob Löwig, descubrieron el bromo, cada uno por su lado. Los tintes de bromo (extraídos de algunas especies de caracoles) dan un bonito color púrpura intenso y se utilizan desde la antigüedad tanto en Europa como en Japón. El bromuro de plata es una sal muy sensible a la luz, fundamental en la fotografía moderna.

AÑO DE DESCUBRIMIENTO: 1826

Punto de fusión
−7,3 °C

Punto de ebullición
58,78 °C

Densidad
3,1226
(en estado líquido, 20°C) g/cm³

| 36 | クリプトン
KRIPTÓN | 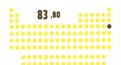 83,80 | 4
—
18 | |

Kr

El nombre del planeta de origen de Superman

Gases nobles
Uso especializado
Gaseoso

Gas raro

¡Brilla!
Bombillas de kriptón

¡UN SUPERHÉROE RESPLANDECIENTE!

Probablemente la mayoría de la gente sabe que el planeta natal de Superman es Krypton, pero en realidad el nombre del elemento proviene de la palabra «críptico», porque fue muy difícil de descubrir. Las bombillas de kriptón tienen un mayor rendimiento que las bombillas incandescentes de argón, lo cual las hace muy populares entre fotógrafos y cineastas. El kriptón también se utiliza en las luces estroboscópicas, en los láseres de gas de alta potencia y tiene una gran cantidad de aplicaciones más.

Punto de fusión
-156,6 ˚C

Punto de ebullición
-152,3 ˚C

Densidad
0,0037493
(en estado gaseoso, 20ºC) g/cm³

AÑO DE DESCUBRIMIENTO:
1898

周 期

PERÍODO

5

原子番号

NÚMERO ATÓMICO

37→54

| 37 | ルビジウム RUBIDIO | 85,47 | 5 / 1 | 铷 |

Rb

Se utiliza para fechar rocas.

Se utiliza en los tubos catódicos.

Metales alcalinos

Uso especializado

Sólido

Explota violentamente en contacto con el agua.

Los relojes atómicos de rubidio tienen un margen de error de solo un segundo cada 10 años.

EL GUARDIÁN DEL TIEMPO DEL UNIVERSO

Tic tac, tic tac... Un reloj atómico anuncia la hora en las transmisiones de la cadena NHK (Nippon Hoso Kyokai, la televisión estatal japonesa). Funciona monitorizando las transiciones entre dos niveles de energía de un isótopo de rubidio específico y es increíblemente preciso: solo pierde un segundo cada diez años. La vida media del rubidio es de 48.800 millones de años, lo cual lo hace perfecto para datar los minerales presentes en la Tierra y los restos de asteroides. Primero se miden el rubidio y el estroncio (producto de la desintegración radiactiva del rubidio) presentes en la muestra y luego se calcula el tiempo que tardó en desintegrarse el rubidio.

AÑO DE DESCUBRIMIENTO: 1861

Punto de fusión

39,1 °C

Punto de ebullición

688 °C

Densidad

1,532 g/cm³

38 ストロンチウム
ESTRONCIO

87,62 | 5/2 | 锶

Sr

- Metales alcalinotérreos
- Rojo
- Uso especializado
- Sólido
- El rojo de los fuegos artificiales
- Puf
- En las bengalas

UN ARTIFICIERO CON BUEN CORAZÓN

Al estroncio le debemos el estupendo brillo escarlata de los espectáculos pirotécnicos que admiramos en las noches de verano. Todos los elementos alcalinos y alcalinotérreos queman con diferentes colores, pero el estroncio es sin duda el más brillante, por eso se utiliza para la fabricación de los fuegos artificiales. Igual que el calcio, su «hermano mayor» en la familia de los alcalinotérreos, es fácilmente absorbible por los huesos, motivo por el cual se utiliza para diagnosticar y tratar los tumores óseos.

AÑO DE DESCUBRIMIENTO: 1787

Punto de fusión
769 ºC

Punto de ebullición
1384 ºC

Densidad
2,54 g/cm³

39 イットリウム
ITRIO

88,91 / 5 / 3 — 钇

PIONERO EN EL MUNDO DE LOS LÁSERES

Seguro que todos jugabais con punteros láser de pequeños, pero ¿sabíais que la palabra láser es el acrónimo del inglés «Light Amplification by Stimulated Emission of Radiation», es decir: «amplificación de luz por emisión estimulada de radiación»? Sorprendente, ¿verdad? Los cristales YAG («Yttrium-aluminium garnet») contienen óxidos de itrio y aluminio. Los encontramos en los láseres de estado sólido que se utilizan industrialmente para grabar, marcar y soldar metales, y en cirugía en los instrumentos quirúrgicos.

AÑO DE DESCUBRIMIENTO: 1794

Punto de fusión 1522 °C

Punto de ebullición 3338 °C

Densidad 4,469 g/cm³

| 40 | ジルコニウム
CIRCONIO | 91,22 | 5 / 4 | 锆 |

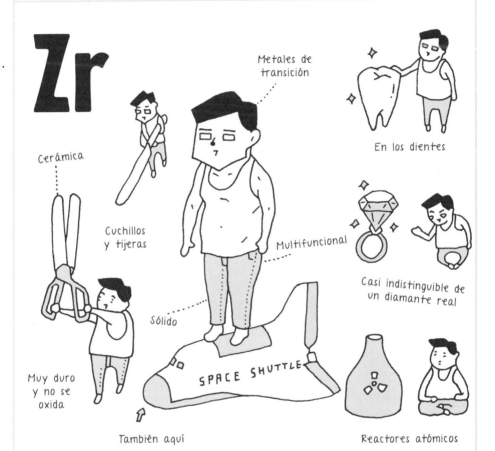

¡DIAMANTES PARA TODO EL MUNDO!	Si está bien trabajado (como óxido de circonio o zirconia, en forma cristalina cúbica), el circonio brilla como un auténtico diamante. Además, una vez oxidado, también puede transformarse en un material cerámico antioxidante más duro que el acero. Este tipo de material cerámico «técnico» se utiliza en la fabricación de utensilios de cocina como tijeras y cuchillos, pero tiene también aplicaciones más complejas, como en los reactores de los cohetes y naves espaciales.

Punto de fusión
1852 ºC

Punto de ebullición
4377 ºC

Densidad
6,506 g/cm³

AÑO DE DESCUBRIMIENTO:
1789

41 ニオブ NIOBIO

92,91 | 5/5 | 铌

TODO PARA EL CONFORT DEL FUTURO

El niobio toma su nombre de Níobe, hija de Tántalo, ambos personajes de la mitología griega, ya que tiene características parecidas al tántalo, el elemento 73. A pesar de los antiguos orígenes del nombre, el niobio es un elemento utilizado en motores a reacción de última generación, transbordadores espaciales y vehículos de levitación magnética. Se trata de un metal grisáceo y muy dúctil. La aleación de niobio y hierro se utiliza para la producción de materiales magnéticos extremadamente resistentes al calor y al mismo tiempo superconductores.

AÑO DE DESCUBRIMIENTO: 1801

Punto de fusión: 2468 °C

Punto de ebullición: 4742 °C

Densidad: 8,57 g/cm³

| 42 | モリブデン
MOLIBDENO | 95,94 | 5/6 | 钼 |

UN HERRERO ALTERNATIVO

Las aleaciones de molibdeno son muy fuertes y resistentes a la oxidación; de hecho, los cuchillos fabricados con acero al molibdeno pueden costar cientos de euros. Este material especial también se utiliza para los trenes de aterrizaje de los aviones y los motores de los cohetes. Investigaciones recientes han descubierto que es posible utilizar molibdeno para calentar el agua de manera más eficaz y minimizar el consumo eléctrico, por eso lo encontramos en una nueva generación de radiadores de cerámica, utilizados, entre otros, en los modernos baños automáticos japoneses, en los que el papel higiénico es sustituido por chorros de agua caliente.

AÑO DE DESCUBRIMIENTO: 1778

Punto de fusión
2617 ºC

Punto de ebullición
4612 ºC

Densidad
10,22 g/cm³

43 テクネチウム
TECNECIO

[99]

5 / 7

锝

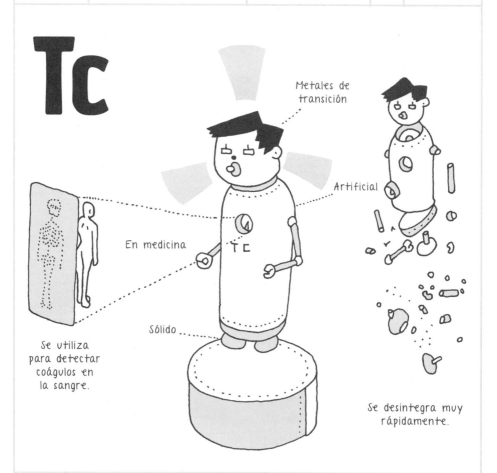

EL PRIMER ELEMENTO ARTIFICIAL DE LA HISTORIA

En el momento de la formación de la Tierra, sin duda había en nuestro planeta átomos del elemento 43, que luego desaparecieron. Los científicos han buscado el tecnecio durante décadas, después de que Mendeléyev predijera su existencia, hasta conseguir fabricarlo sintéticamente. Tiene múltiples usos, por ejemplo, en el campo de la medicina: dado que su isótopo, el tecnecio-99m, se desintegra muy rápidamente, se utiliza como marcador radiactivo en diagnóstico por imagen y para detectar coágulos en la sangre.

AÑO DE DESCUBRIMIENTO: 1937

Punto de fusión 2172 ºC

Punto de ebullición 4877 ºC

Densidad 11,5 g/cm³

44 ルテニウム RUTENIO

FAMOSO DESDE SU NACIMIENTO

Es un elemento caro, considerado un metal precioso, sin embargo, no es amante de las joyas. Ha contribuido a premios Nobel recientes, en 2001 y en 2005, por su uso como catalizador para la síntesis de compuestos orgánicos. Es perfecto para fabricar discos duros magnéticos de gran capacidad y, dado que tiene un brillo extraordinario y es duradero, también lo encontramos en las puntas de las plumas estilográficas. Un elemento decididamente glamuroso.

AÑO DE DESCUBRIMIENTO: 1844

Punto de fusión 2310 °C

Punto de ebullición 3900 °C

Densidad 12,37 g/cm³

| 45 | ロジウム RODIO | 102,9 | 5 / 9 | 铑 |

Rh

Como Catalizador

Metales de transición
Uso especializado
Sólido

Es muy escaso.

Nunca pierde el brillo.
Revestimiento para joyas

LA ETERNA DAMA DE HONOR

Es un metal precioso y escaso del que solo se producen dieciséis toneladas al año. A pesar de ser de mayor calidad que el oro y el platino, nunca está en primera fila y se utiliza principalmente como material de revestimiento. Su hermoso color blanco no pierde el brillo con el tiempo y aumenta la durabilidad de la plata y el platino. Un buen tipo que defiende la belleza de los demás a costa de su propia fama.

AÑO DE DESCUBRIMIENTO: 1803

Punto de fusión
1966 °C

Punto de ebullición
3727 °C

Densidad
12,41 g/cm³

| 46 | パラジウム
PALADIO | 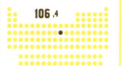 106.4 | 5/10 | 钯 |

Pd

Puede absorber hidrógeno gaseoso hasta 900 veces su propio volumen.

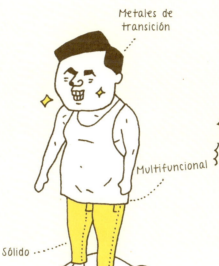

Metales de transición

Multifuncional

Sólido

Crac

Aleaciones de paladio y oro

EL ANTIGUO PATITO FEO

AÑO DE DESCUBRIMIENTO: 1803

Antiguamente, los mineros consideraban que encontrar oro contaminado con paladio traía mala suerte. El nombre está inspirado en el asteroide Palas, que había sido descubierto poco antes. Es muy apreciado por los científicos debido a su alta permeabilidad al hidrógeno: de hecho, a temperatura ambiente, puede absorber un volumen de hidrógeno gaseoso de hasta 900 veces su volumen. Es un excelente catalizador, utilizado en pilas de combustible de hidrógeno o para acelerar reacciones de hidrogenación y deshidrogenación, por ejemplo, en procesos petroquímicos. También se utiliza en odontología.

Punto de fusión
1552 °C

Punto de ebullición
3140 °C

Densidad
12,02 g/cm³

47 銀 PLATA

107,9

5 / 11

银

Para joyería y cubiertos

Metales de transición

Uso cotidiano

Sólido

El nitrato de plata se utiliza para la impresión fotográfica.

Para alejar demonios y vampiros

ELEGANTE Y EXCEPCIONAL EN TODO LO QUE HACE

El brillo de la plata evoca sentimientos románticos; además, es un metal económico y fácil de trabajar, lo cual lo hace perfecto para la fabricación de cubiertos y joyería. Los iones de plata son particularmente eficaces para matar bacterias, ya que desactivan sus enzimas. La plata también está ganando terreno como componente de desodorantes y fibras transpirables. Su enemigo natural es el azufre, que lo ennegrece. ¡Así que si te vas a bañar en las aguas termales de un *onsen*, ten cuidado con tus joyas de plata!

AÑO DE DESCUBRIMIENTO: ANTIGÜEDAD

Punto de fusión
961,93 °C

Punto de ebullición
2212 °C

Densidad
10,5 g/cm³

| 48 | カドミウム CADMIO | 112,4 | 5 / 12 | 镉 |

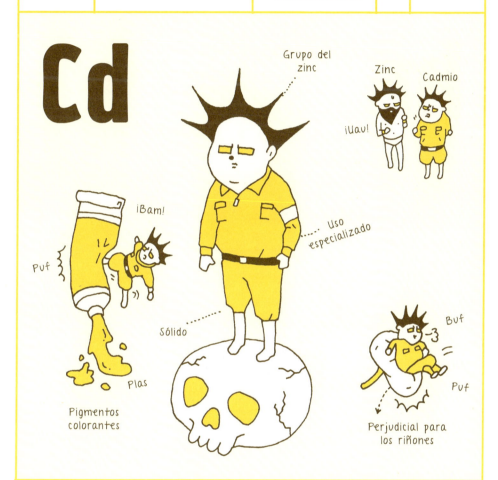

EL CIENTÍFICO LOCO

Entre 1912 y 1946, cerca del río Jinzū en la prefectura de Toyama, se propagó una misteriosa enfermedad. Tomó el nombre de síndrome «Itai-itai» («Ay, ay», en referencia a los gritos de dolor de los enfermos). Es considerada una de las cuatro enfermedades más terribles que han afectado a Japón y fue causada por la contaminación de cadmio procedente de una mina cercana. El cadmio tiene una estructura muy similar al zinc, puede penetrar en nuestro cuerpo, debilitar los huesos y provocar una disfunción renal severa. Se puede utilizar para producir pigmentos y baterías de níquel-cadmio.

Punto de fusión
320,9 °C

Punto de ebullición
765 °C

Densidad
0,00865 (25°C) g/cm³

AÑO DE DESCUBRIMIENTO: 1817

| 49 | インジウム
INDIO | 114,8 | 5 / 13 | 钢 |

Sistemas contra incendios

Grupo del boro

Generalmente reciclado

Uso especializado

Sólido

Se funde fácilmente con el calor.

Pantallas de cristales líquidos

Actualmente el principal productor es China.

EL HÉROE DE LA ACTUALIDAD

El indio es indispensable para los fabricantes de productos electrónicos, ya que se utiliza para la fabricación de televisores de pantalla plana. Es muy apreciado porque permite crear una película muy fina, transparente a la vez que buena conductora para la electricidad, que es imprescindible para la fabricación de pantallas de LCD, plasma y OLED, una tecnología que permite crear pantallas a color capaces de emitir luz por sí mismas. Hasta hace unos años, Japón fue el mayor productor mundial de indio, pero después del cierre de sus minas en 2006, ha tenido que diseñar programas internacionales para la recuperación de residuos eléctricos y electrónicos.

AÑO DE DESCUBRIMIENTO: 1863

Punto de fusión
156,17 °C

Punto de ebullición
2080 °C

Densidad
7,31 (25°C) g/cm³

| 50 | スズ
ESTAÑO | 118,7
5
14 | 锡 |

Sn

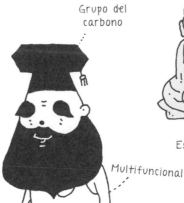

Grupo del carbono

La chapa de las latas es una fina lámina de hierro recubierta de estaño.

Multifuncional

Sólido

Estatuas de buda

Para la soldadura se utiliza una aleación de plomo y estaño.

Juguetes

UN HÉROE DE LA ANTIGÜEDAD JUBILADO

El estaño es un elemento abundante, fácil de trabajar y con un punto de fusión bajo. Sus aleaciones con el cobre y el bronce se han utilizado a lo largo de la historia para fabricar espadas y puntas de lanza. En Japón se utiliza desde el período Nara (siglo VIII d.C.) para la construcción de estatuas de Buda. Se ha utilizado casi para todo, aunque actualmente está más en desuso. Lo podemos encontrar en juguetes de hojalata y en utensilios de imprenta.

Punto de fusión
231,97
°C

Punto de ebullición
2270
°C

Densidad
7,31
(estaño blanco)
g/cm³

AÑO DE DESCUBRIMIENTO: ANTIGÜEDAD

| 51 | アンチモン
ANTIMONIO | 121,8 | 5
---
15 | 锑 |

EL PREFERIDO DE CLEOPATRA

Aunque no se hable mucho de él, lo cierto es que el antimonio tiene cada vez más usos. Se utiliza en ciertos tipos de semiconductores y en los electrodos de las baterías de plomo, y una aleación de plomo y antimonio se emplea para los tipos móviles de las imprentas. En el antiguo Egipto, la reina Cleopatra utilizaba el sulfuro de antimonio como delineador de ojos: un pasado muy glamoroso para un tipo tan serio, ¿no os parece? Sin embargo, su toxicidad ha hecho que dejara de usarse para este fin.

AÑO DE DESCUBRIMIENTO: ANTIGÜEDAD

Punto de fusión
630,74 ℃

Punto de ebullición
1635 ℃

Densidad
6,691 g/cm³

| 52 | テルル
TELURIO | 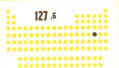 127,6 | 5
—
16 | |

Te

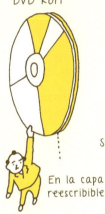

DVD ROM

En la capa reescribible

Grupo del oxígeno

Uso industrial

Sólido

DVD

Cavas para vino

Minineveras

Sensible a la temperatura

ADORABLE PERO APESTOSO

Pronunciar su nombre evoca algo mágico, pero en realidad hace referencia a algo que tenemos muy cerca: el planeta Tierra, en latín *tellus*. Se trata de un elemento con una gran variedad de aplicaciones, desde grabar datos en DVD hasta la producción de luces LED de color verde. Si se combina con el bismuto y el selenio, es ideal para la fabricación de neveras pequeñas muy silenciosas y en las que se regula fácilmente la temperatura. Puede formar aleaciones con el hierro, el cobre y el plomo, lo que hace que estos metales sean más maleables. La única pena es que huele a ajo, lo cual no resulta muy agradable para quienes lo trabajan.

Punto de fusión

449,5 ℃

Punto de ebullición

990 ℃

Densidad

6,24 g/cm³

AÑO DE DESCUBRIMIENTO:
1782

53 ヨウ素 YODO

126,9 | 5 / 17 | 碘

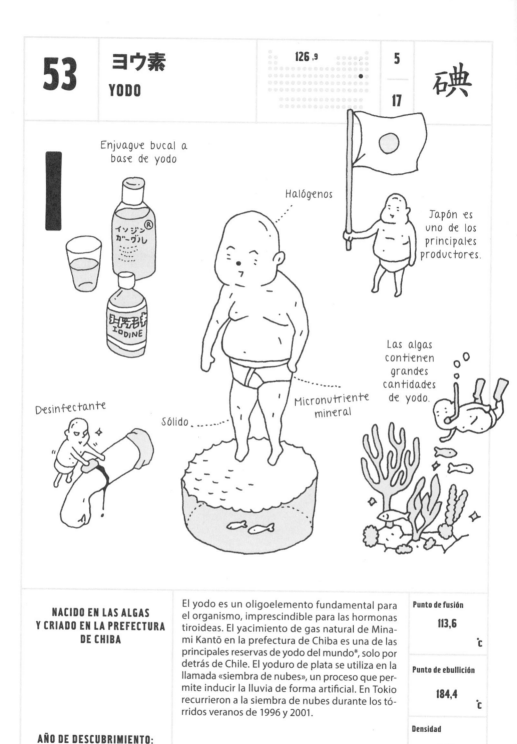

NACIDO EN LAS ALGAS Y CRIADO EN LA PREFECTURA DE CHIBA

El yodo es un oligoelemento fundamental para el organismo, imprescindible para las hormonas tiroideas. El yacimiento de gas natural de Minami Kantō en la prefectura de Chiba es una de las principales reservas de yodo del mundo*, solo por detrás de Chile. El yoduro de plata se utiliza en la llamada «siembra de nubes», un proceso que permite inducir la lluvia de forma artificial. En Tokio recurrieron a la siembra de nubes durante los tórridos veranos de 1996 y 2001.

Punto de fusión
113,6 °C

Punto de ebullición
184,4 °C

Densidad
4,93 g/cm³

AÑO DE DESCUBRIMIENTO: 1811

* El yodo está disuelto en el agua salada en forma de ion yoduro.

54 キセノン
XENÓN

131,3 | 5/18 | 気

EL GAS QUE VIAJA ENTRE LAS ESTRELLAS

La sonda Deep Space 1 de la NASA, la SMART-1 de la Agencia Espacial Europea y la japonesa Hayabusa tienen algo en común: sus motores usan xenón como propulsor. De hecho, los motores iónicos de xenón son hasta diez veces más eficientes que los motores a reacción. El xenón también se utiliza como gas ionizable en pantallas de plasma y como anestésico. ¡El uso del xenón está realmente al alza!

Punto de fusión
-111,9 °C

Punto de ebullición
-107,1 °C

Densidad
0,0058971
(en estado gaseoso, 20°C) g/cm³

AÑO DE DESCUBRIMIENTO: 1898

周期

PERÍODO

6

原子番号

NÚMERO ATÓMICO

55 → 86

| 55 | セシウム
CESIO | 132,9 | 6
---
1 | 铯 |

ÉL ES SIEMPRE EL SEGUNDO	¿Alguna vez te has preguntado por qué un segundo dura… un segundo? Durante mucho tiempo el cálculo se hizo en función de la velocidad de rotación de la Tierra, pero en 1967, la Conferencia General de Pesos y Medidas decidió que era necesario definir el segundo con mayor precisión. Y así es como entró en escena el cesio, ya que, a partir de entonces, se tomó la frecuencia de resonancia de las ondas de su átomo para definir la duración de un segundo. Los relojes atómicos que utilizan esta frecuencia como referencia tienen un margen de error de únicamente un segundo cada trescientos mil años.
AÑO DE DESCUBRIMIENTO: 1860	

Punto de fusión
28,40
°C

Punto de ebullición
668,5
°C

Densidad
1,873
g/cm³

| 56 | バリウム BARIO | 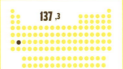 137,3 | 6 / 2 | 钡 |

Ba

Metales alcalinotérreos

Multifuncional

Sólido

ESTÓMAGO

Se utiliza para producir contraste con los rayos X

No deja pasar los rayos X.

MÉDICO EN EL TRABAJO, YAKUZA EN CASA

El líquido blanco que debes beber antes de hacerte una radiografía es una suspensión acuosa de un polvo llamado sulfato de bario. Es un medio de contraste perfecto para examinar el tracto gastrointestinal porque los rayos X no lo atraviesan. Sin embargo, los iones que se liberan al disolver cualquier sal de bario soluble en agua son un veneno muy poderoso que causa vómitos y parálisis. El bario metálico puro reacciona violentamente cuando se expone al aire, por lo que generalmente se conserva en aceite mineral u otros líquidos que no contienen oxígeno.

AÑO DE DESCUBRIMIENTO: 1808

Punto de fusión 729 °C

Punto de ebullición 1637 °C

Densidad 3,594 g/cm³

57

ランタン
LANTANO

138,9

6 / 3

镧

La

Lantanoides

Se utiliza en las lentes de telescopio.

La Ni₅

Esponja de hidrógeno, una aleación especial

Uso industrial

Sólido

En las ópticas de las cámaras de los teléfonos móviles.

EL LÍDER DE LOS *OUTSIDERS*

Los siguientes catorce elementos son todos similares al lantano, tanto en sus propiedades como en sus aplicaciones, por lo que se agrupan en la familia de los lantanoides. Mientras que algunos de los elementos de la familia tienen propiedades magnéticas, el lantano carece de ellas. Se utiliza en los pedernales de los mecheros, en las ópticas de los teléfonos móviles y como fármaco (carbonato de lantano) para contrarrestar algunos de los efectos de la insuficiencia renal crónica.

Punto de fusión
921
°C

Punto de ebullición
3457
°C

Densidad
6,145
(25°C)
g/cm³

AÑO DE DESCUBRIMIENTO: 1839

134

58	**セリウム** **CERIO**

AÑO DE DESCUBRIMIENTO: 1803

Ce

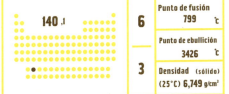

EL PILAR DE LOS
LANTANOIDES

钸

140,1	6	Punto de fusión 799 ℃
		Punto de ebullición 3426 ℃
	3	Densidad (sólido) (25°C) 6,749 g/cm³

Más abundante que el cobre o la plata, el cerio se utiliza en la producción de gafas de sol y gafas anti-UV gracias a su capacidad para absorber los rayos ultravioleta. Algunos de sus compuestos se utilizan como catalizadores en la síntesis de compuestos orgánicos.

59	**プラセオジム** **PRASEODIMIO**

AÑO DE DESCUBRIMIENTO: 1885

Pr

EL MAGO AMARILLO
DE LOS TALLERES

镨

140,9	6	Punto de fusión 931 ℃
		Punto de ebullición 3512 ℃
	3	Densidad 6,773 g/cm³

En estado puro, el praseodimio es un metal plateado blando que al entrar en contacto con el aire y oxidarse adquiere un color amarillo. Se utiliza en la fabricación de gafas de soldadura, ya que absorbe la luz azul. Sus compuestos dan a los esmaltes cerámicos un color amarillo brillante.

| 60 | ネオジム
NEODIMIO | 144,2 | 6 / 3 | 钕 |

Nd

Lantanoides

Sólido

Magnético

En los motores de coches híbridos

Slac

Imanes para resonancia magnética

Hace vibrar los teléfonos móviles.

Vibra Vibra

EL IMÁN MÁS FUERTE DEL MUNDO

AÑO DE DESCUBRIMIENTO: 1885

El hermano gemelo del praseodimio fue descubierto en el mismo material de origen mineral en el que anteriormente se había encontrado a su hermano, por eso se le bautizó como neodimio, que significa «el nuevo gemelo». ¡Pero no hay que subestimar a los hermanos pequeños! En 1982, el científico japonés Masato Sagawa descubrió una aleación de neodimio con hierro y otros elementos con la que creó el imán más potente del mundo. Aquel nuevo tipo de imán, 1,5 veces más fuerte que el imán más potente de la época, cosechó un éxito inmediato.

Punto de fusión

1021 ˚C

Punto de ebullición

3068 ˚C

Densidad

7,007 g/cm³

61	プロメチウム PROMETIO

AÑO DE DESCUBRIMIENTO: 1945

Pm

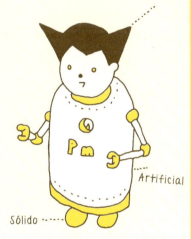

UN BEBÉ DE FUEGO HIJO DE LOS REACTORES NUCLEARES

鉕

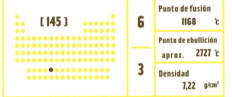

[145]

6	Punto de fusión 1168 ℃
	Punto de ebullición aprox. 2727 ℃
3	Densidad 7,22 g/cm³

El único lantanoide radiactivo creado en un laboratorio por el ser humano toma el nombre del titán Prometeo, quien robó el fuego a los dioses para dárselo a los mortales. Producido artificialmente en reactores nucleares, se utiliza para alimentar pequeñas baterías atómicas gracias al calor que libera.

62	サマリウム SAMARIO

AÑO DE DESCUBRIMIENTO: 1879

Sm

EL NÚMERO DOS DEL MAGNETISMO

钐

150,4

6	Punto de fusión 1077 ℃
	Punto de ebullición 1791 ℃
3	Densidad 7,52 g/cm³

Los imanes de samario-cobalto eran considerados los más potentes del mundo hasta que el neodimio les arrebató ese récord. Se trata de unos imanes excepcionalmente fuertes, incluso en sus versiones más pequeñas, lo que los hace indispensables para la fabricación de auriculares.

| 63 | ユウロピウム
EUROPIO | 152,0 | 6 / 3 | 铕 |

Eu

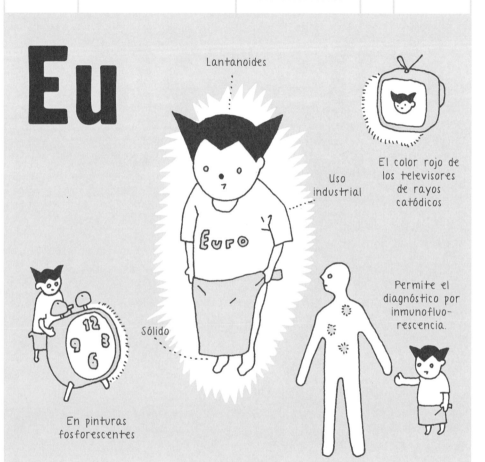

En pinturas fosforescentes

Lantanoides

Uso industrial

Sólido

El color rojo de los televisores de rayos catódicos

Permite el diagnóstico por inmunofluorescencia.

EL AVE NOCTURNA QUE BRILLA EN LA OSCURIDAD

Gracias a él brillan tenuemente las agujas de los relojes y despertadores. Se utiliza en la producción de pinturas fosforescentes y en la lucha contra la falsificación de los billetes de euro (¡muy apropiado!). Sin embargo, la mayor parte de la producción de europio proviene de Estados Unidos y China. El europio puede emitir una luz roja brillante, por eso se utiliza en las lámparas fluorescentes y en las pantallas de televisión.

AÑO DE DESCUBRIMIENTO: 1901

Punto de fusión
822
°C

Punto de ebullición
1597
°C

Densidad
5,243
g/cm³

64	ガドリニウム
	GADOLINIO

AÑO DE DESCUBRIMIENTO: 1880

Gd

UN IMÁN QUE DESCUBRE ENFERMEDADES

157,3	6	Punto de fusión
	—	1313 ℃
	3	Punto de ebullición
		3266 ℃
		Densidad (25°C)
		7,9004 g/cm³

El gadolinio es un elemento fundamental en los medios de contraste intravenosos para la imagen por resonancia magnética. Gracias a su capacidad para absorber neutrones térmicos, también se utiliza en los reactores nucleares.

65	テルビウム
	TERBIO

AÑO DE DESCUBRIMIENTO: 1843

Tb

UN IMÁN TRASNOCHADO

158,9	6	Punto de fusión
	—	1356 ℃
	3	Punto de ebullición
		3123 ℃
		Densidad
		8,229 g/cm³

Gracias a sus propiedades magnéticas, el terbio se utiliza en actuadores, sistemas de sonar y vidrio magnético, y hace unos años lo encontrábamos en los discos magneto-ópticos de los MiniDisks. También se utiliza en los motores de las bicicletas eléctricas y en las lámparas fluorescentes.

66 ジスプロシウム
DISPROSIO

AÑO DE DESCUBRIMIENTO: 1886

Dy

Lantanoides

Uso cotidiano

Sólido

**DISPROSIO Y NEODIMIO:
¡UNA PAREJA INVENCIBLE!**

162,5

6

3

Punto de fusión
1412 ℃

Punto de ebullición
2562 ℃

Densidad
8,55 g/cm³

Incluso los imanes de neodimio, los más fuertes del mundo, se desmagnetizan cuando se someten a altas temperaturas; y aquí entra el juego el disprosio. Juntos se convierten en una pareja invencible en entornos que pueden alcanzar temperaturas muy elevadas, como, por ejemplo, los motores de los coches.

140

67 ホルミウム
HOLMIO

AÑO DE DESCUBRIMIENTO: 1879

Ho

Lantanoides

Uso científico

Sólido

**EL AMIGO
DE LA PRÓSTATA**

钬

164,9

6

3

Punto de fusión
1474 ℃

Punto de ebullición
2395 ℃

Densidad
8,795 g/cm³

El láser de holmio se utiliza para el tratamiento de la hipertrofia prostática, ya que permite realizar la incisión evitando el sangrado. También es un gran aliado para eliminar cálculos renales y uretrales.

68 エルビウム / ERBIO

Er
AÑO DE DESCUBRIMIENTO: 1843

- Lantanoides
- Uso industrial
- Sólido

EL REY DE LA COMUNICACIÓN GLOBAL

167,3	6 / 3
Punto de fusión	1529 ℃
Punto de ebullición	2863 ℃
Densidad (25°C)	9,066 g/cm³

Cuando enviamos datos a través de Internet, se introducen en la red en forma de pulsaciones de luz que se transmiten a través de largos cables de fibra óptica. Son precisamente los amplificadores ópticos de erbio los que hacen posible este viaje.

69 ツリウム / TULIO

Tm
AÑO DE DESCUBRIMIENTO: 1879

- Lantanoides
- Uso industrial
- Sólido

EL HERMANO PEQUEÑO DEL ERBIO

168,9	6 / 3
Punto de fusión	1545 ℃
Punto de ebullición	1947 ℃
Densidad	9,321 g/cm³

El tulio es un elemento todavía poco explotado en la industria, ya que es poco abundante y muy difícil de aislar. Sin embargo, como ya ocurre con su hermano mayor, el erbio, el tulio se utiliza en amplificadores de fibra óptica.

70 イッテルビウム
ITERBIO

Yb

AÑO DE DESCUBRIMIENTO: 1878

Lantanoides

Uso especializado

Sólido

OTRO MIEMBRO DEL EQUIPO ESCANDINAVO

173,0

6

3

Punto de fusión
824 ℃

Punto de ebullición
1193 ℃

Densidad
6,965 g/cm³

Su nombre deriva de Ytterby, un pequeño pueblo de Suecia en el que se han descubierto una gran cantidad de elementos. Las aplicaciones del iterbio son parecidas a las del erbio. Se utiliza, por ejemplo, en gafas especiales para dispositivos ópticos, concretamente en láseres de estado sólido.

71 ルテチウム
LUTECIO

Lu

AÑO DE DESCUBRIMIENTO: 1907

Lantanoides

Uso especializado

Sólido

¡MÁS CARO QUE EL ORO! UN ELEMENTO DE LA REALEZA

175,0

6

3

Punto de fusión
1663 ℃

Punto de ebullición
3395 ℃

Densidad
9,84 g/cm³

Aunque parezca imposible, ¡el lutecio cuesta 787 euros el gramo! ¡Más que la plata (0,50), el oro (34) y platino (28) juntos! Por este motivo se limita casi exclusivamente a la investigación y apenas tiene uso comercial.

72	ハフニウム
	HAFNIO

AÑO DE DESCUBRIMIENTO: 1923

Hf

- Metales de transición
- Uso especializado
- Sólido

EL *ALTER EGO* DEL ZIRCONIO

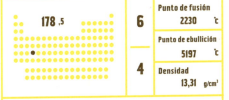

	Punto de fusión
6	2230 ℃
—	Punto de ebullición
	5197 ℃
4	Densidad
	13,31 g/cm³

178,5

Químicamente se parece al zirconio, aunque los núcleos sean distintos. Es habitual su uso en las barras de control de reactores nucleares gracias a su capacidad de absorción de los neutrones, mientras que el zirconio, transparente a los neutrones, se usa en el revestimiento de las barras de combustible.

73	タンタル
	TÁNTALO

AÑO DE DESCUBRIMIENTO: 1802

Ta

- Metales de transición
- Uso especializado
- Sólido

EL AMIGO DE LAS PRÓTESIS ÓSEAS Y DE LOS TELÉFONOS MÓVILES

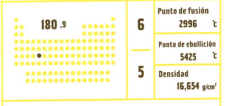

	Punto de fusión
6	2996 ℃
—	Punto de ebullición
	5425 ℃
5	Densidad
	16,654 g/cm³

180,9

Dado que nuestro cuerpo lo tolera bien, se usa para los implantes óseos, las articulaciones artificiales y las dentaduras postizas. También se utiliza para fabricar los condensadores eléctricos pequeños pero muy eficientes que encontramos en los teléfonos móviles y en los ordenadores.

| 74 | タングステン
TUNGSTENO | 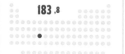 183,8 | 6/6 | 钨 |

Como filamento en bombillas

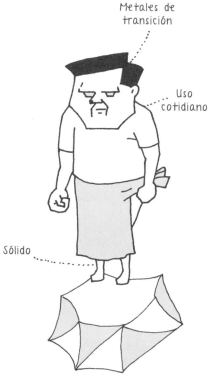

Metales de transición

Uso cotidiano

Sólido

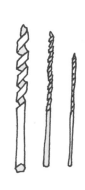

Brocas

Junto al carbono forma una pareja indestructible.

UN ARTESANO MUY CURTIDO

Cuando Edison inventó la bombilla incandescente, utilizó bambú para el filamento, pero se rompía demasiado rápido. A principios del siglo XX se empezó a incorporar el tungsteno en los filamentos y así nació la lámpara halógena de tungsteno. De todos los elementos, el tungsteno es el que tiene el punto de fusión más alto. Tiene, además, una excelente resistencia a la corrosión y combinado con el carbono es casi tan duro como el diamante. Se utiliza para producir brocas y moldes resistentes a la abrasión.

AÑO DE DESCUBRIMIENTO:
1783

Punto de fusión
3407 °C

Punto de ebullición
5555 °C

Densidad
19,3 g/cm³

75	レニウム
	RENIO

Re
AÑO DE DESCUBRIMIENTO: 1925

- Metales de transición
- Uso industrial
- Sólido

EL ÚLTIMO DESCUBRIMIENTO NATURAL

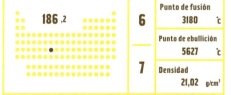

186,2	6	Punto de fusión 3180 °C
		Punto de ebullición 5627 °C
	7	Densidad 21,02 g/cm³

El renio fue el último de los elementos naturales en ser descubierto. Tiene un punto de fusión muy alto, superado solo por el tungsteno, lo cual lo convierte en un elemento ideal para hacer termómetros capaces de medir temperaturas de hasta 2200 °C.

76	オスミウム
	OSMIO

Os
AÑO DE DESCUBRIMIENTO: 1803

- Metales de transición
- Uso especializado
- Sólido

EL PESO PESADO DE LOS ELEMENTOS

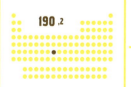

190,2	6	Punto de fusión 3054 °C
		Punto de ebullición 5027 °C
	8	Densidad 22,59 g/cm³

Es el elemento más denso y el metal más pesado. En aleaciones con iridio, rutenio y platino es resistente a la abrasión y a la oxidación. Además, su lustre plateado lo hace ideal para las puntas de las plumas estilográficas.

| 77 | イリジウム
IRIDIO | 192,2 | 6/9 | |

Ir

Metales de transición

Uso especializado

Sólido

El iridio solo está presente en una capa sedimentaria de la corteza terrestre, lo que contribuye a la teoría de que su presencia se debe a la caída de un meteorito.

Las bugías están hechas con una aleación de iridio.

Hasta 1960, el metro patrón del Sistema Internacional era una barra de una aleación de platino e iridio.

DE AQUÍ A LA ETERNIDAD...

Gracias a su ductilidad y resistencia a la corrosión, el oro y el platino se han hecho famosos en la elaboración de anillos y otras joyas, pero lo cierto es que el metal más inalterable es el iridio. En el Sistema Internacional de Unidades, el kilogramo de muestra es un cilindro hecho con una aleación de platino (90%) e iridio (10%). ¡Si quieres jurarle amor eterno a alguien, el iridio será tu mejor aliado para ello!

Punto de fusión
2410 °C

Punto de ebullición
4130 °C

Densidad
22,56 g/cm³

AÑO DE DESCUBRIMIENTO: 1803

78 — PLATINO — 白金 (プラチナ)

铂 — 6/10 — 195,1

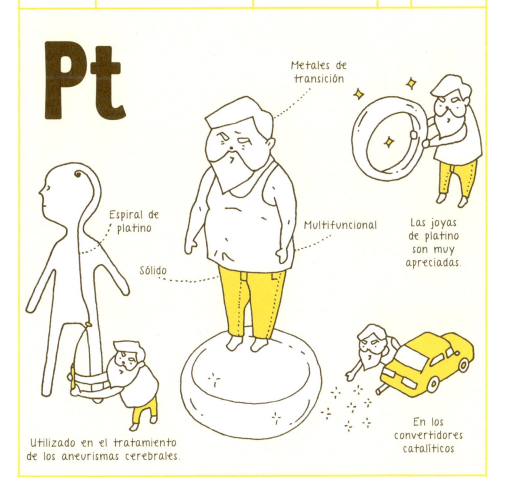

Pt

- Metales de transición
- Espiral de platino
- Sólido
- Multifuncional
- Las joyas de platino son muy apreciadas.
- Utilizado en el tratamiento de los aneurismas cerebrales.
- En los convertidores catalíticos

LA ÚLTIMA ESTRELLA DEL FIRMAMENTO

Actualmente, el platino es un elemento imprescindible en los artículos de lujo, pero cuando fue descubierto, en el siglo XVIII, sus «hermanos mayores», el oro y la plata, eran mucho más populares. Su nombre deriva del español *platina*, diminutivo de *plata*. Gracias a su extraordinaria resistencia a la corrosión, hoy se utiliza en joyería, para electrodos de laboratorio e industriales y en las de espirales metálicas para el tratamiento de aneurismas cerebrales. Ciertos compuestos de platino están presentes incluso en la quimioterapia.

AÑO DE DESCUBRIMIENTO: 1751

Punto de fusión: 1772 °C

Punto de ebullición: 3827 °C

Densidad: 21,45 g/cm³

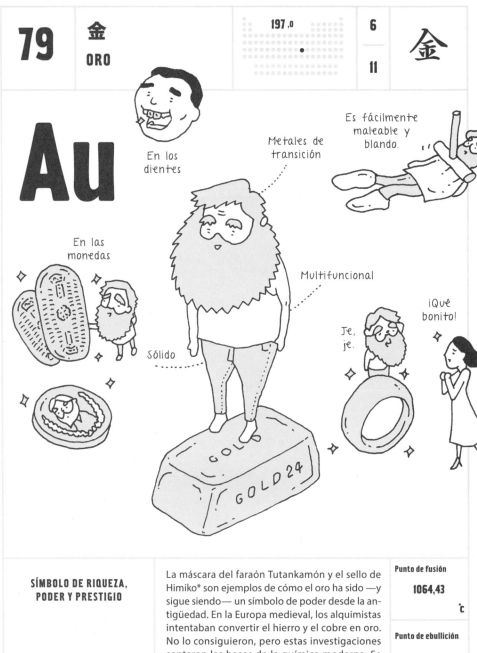

SÍMBOLO DE RIQUEZA, PODER Y PRESTIGIO	La máscara del faraón Tutankamón y el sello de Himiko* son ejemplos de cómo el oro ha sido —y sigue siendo— un símbolo de poder desde la antigüedad. En la Europa medieval, los alquimistas intentaban convertir el hierro y el cobre en oro. No lo consiguieron, pero estas investigaciones sentaron las bases de la química moderna. Se utiliza como conductor en la ingeniería eléctrica y electrónica. Gracias a su resistencia a la corrosión, las monedas y las medallas siempre conservan su belleza.	**Punto de fusión** 1064,43 ºC
		Punto de ebullición 2807 ºC
AÑO DE DESCUBRIMIENTO: ANTIGÜEDAD		**Densidad** 19,32 g/cm³

* Reina japonesa de principios del siglo III d.C.

| 80 | 水銀
MERCURIO | 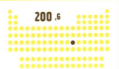 200,6 | 6
—
12 | |

Hg

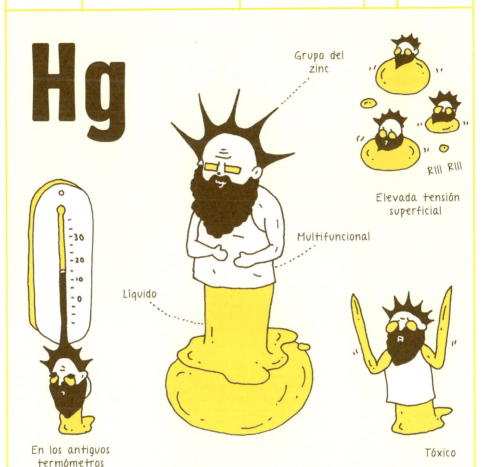

- Grupo del zinc
- Multifuncional
- Elevada tensión superficial
- RIII RIII
- Líquido
- En los antiguos termómetros
- Tóxico

UN MUTANTE ENTRE LOS METALES

El mercurio es el único metal que se encuentra en forma líquida a temperatura ambiente. Unido a otros metales, forma aleaciones blandas, llamadas amalgamas; por ejemplo, es el componente principal de las amalgamas de mercurio y plata para uso dental. Se ha utilizado durante mucho tiempo en los termómetros, y el vapor de mercurio se utiliza en algunos tipos de lámparas fluorescentes. Es importante recordar que, si bien es un metal muy fácil de trabajar, es altamente tóxico y, si no se tiene cuidado, puede convertirse en un arma de doble filo.

AÑO DE DESCUBRIMIENTO: ANTIGÜEDAD

Punto de fusión
-38,87 °C

Punto de ebullición
356,58 °C

Densidad
13,546
(líquido, 20°C)
g/cm³

81

タリウム
TALIO

204,4

6 / 13

铊

Grupo del boro

Uso especializado

Se corta como la mantequilla.

Bum Bum

Sólido

Utilizado en la medicina nuclear

Es un metal blando.

El más tóxico de los metales pesados

EL DETECTIVE... DE LOS INFARTOS

AÑO DE DESCUBRIMIENTO: 1861

Se sabe que el talio es casi tan tóxico como el arsénico, de hecho, un solo gramo de talio es suficiente para matar a una persona adulta. Apareció en la novela *El misterio de Pale Horse* de Agatha Christie y fue el arma favorita del asesino en serie británico Graham Young. Ha sido ampliamente utilizado como veneno para ratones y hormigas hasta que se prohibió su uso en los años setenta del siglo pasado. También tiene aplicaciones más positivas como isótopo radiactivo en medicina nuclear y sirve para identificar problemas cardiovasculares.

Punto de fusión

303,5 ̊c

Punto de ebullición

1457 ̊c

Densidad

11,85 g/cm³

82 鉛 PLOMO

207,2 — 6/14 — 铅

Pb

- Grupo del carbono
- Uso cotidiano
- Protección contra la radiación
- Sólido
- Anzuelos para pesca
- Batería de coche
- Para soldar

UN CLÁSICO OBLIGADO A PREJUBILARSE

Es fácil de transformar y desde siempre tiene una gran variedad de aplicaciones. Los antiguos romanos lo utilizaron en la construcción de acueductos, pero, al ser altamente tóxico, hay quien dice que podría haber jugado un papel relevante en la caída del Imperio Romano. Su nombre y su símbolo derivan de la palabra latina *plumbum*. Actualmente se utiliza en las baterías de los coches, en soldadura o en los espejos, pero debido a su toxicidad y a que sus reservas se están agotando, este decano de los elementos ya no tiene el protagonismo del que disfrutaba antaño.

AÑO DE DESCUBRIMIENTO: ANTIGÜEDAD

Punto de fusión
327,50 °C

Punto de ebullición
1740 °C

Densidad
11,35 g/cm³

151

83	ビスマス BISMUTO

Bi

AÑO DE DESCUBRIMIENTO: 1753

- Grupo del nitrógeno
- Uso cotidiano
- Sólido

UN FIEL SUCESOR DEL PLOMO

209,0	6	Punto de fusión 271,3 ℃
		Punto de ebullición 1560 ℃
	15	Densidad 9,747 g/cm³

Muchos compuestos de bismuto se utilizan en cosmética y medicina para tratar la úlcera gástrica y la diarrea. Es un metal con unas propiedades parecidas al plomo, pero sin sus efectos tóxicos. Por eso, en los últimos tiempos ha ganando posiciones como sustituto de este.

84	ポロニウム POLONIO

Po

AÑO DE DESCUBRIMIENTO: 1898

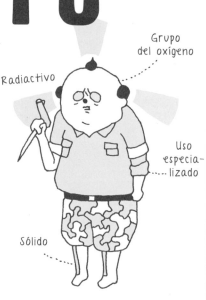

- Radiactivo
- Grupo del oxígeno
- Uso especializado
- Sólido

EL MÁS DESTRUCTIVO DE LOS ELEMENTOS NATURALES

[210]	6	Punto de fusión 254 ℃
		Punto de ebullición 962 ℃
	16	Densidad 9,32 g/cm³

El polonio es un elemento radiactivo natural, el primero que descubrió el matrimonio Curie. Su intensidad radiactiva es trescientas treinta veces superior a la del uranio. En 2006 se utilizó en el asesinato de un disidente ruso y también está presente, en cantidades ínfimas, en el humo del tabaco.

| 85 | アスタチン
ASTATO | 86 | ラドン
RADÓN |

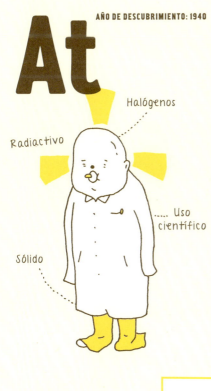

AÑO DE DESCUBRIMIENTO: 1940

AÑO DE DESCUBRIMIENTO: 1885

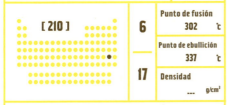

EL ÚLTIMO SAMURÁI DE LOS HALÓGENOS

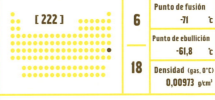

UN REGORDETE QUE ADORA LOS BAÑOS TERMALES

[210]	6	Punto de fusión 302 ℃
		Punto de ebullición 337 ℃
	17	Densidad --- g/cm³

[222]	6	Punto de fusión -71 ℃
		Punto de ebullición -61,8 ℃
	18	Densidad (gas, 0°C) 0,00973 g/cm³

Se trata de un elemento difícil de encontrar en la naturaleza, se suele producir artificialmente solo para estudiarlo, pero no resulta nada fácil, ya que sus isótopos tienen una vida muy breve, lo que dificulta poder investigar a fondo sus propiedades.

El radón es el más pesado de los elementos gaseosos. Se dice que las termas que contienen radón disuelto en sus aguas son las mejores para la salud de los bañistas; sin embargo, respirarlo puede provocar cáncer de pulmón.

周期

PERÍODO

7

原子番号

NÚMERO ATÓMICO

87→118

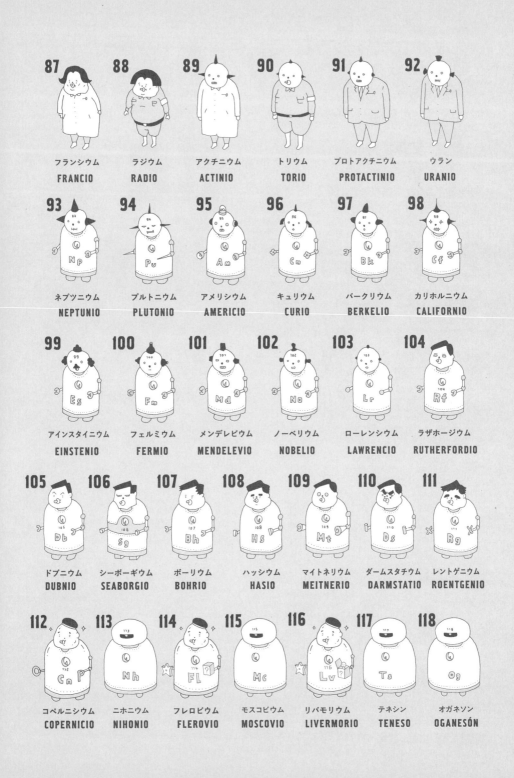

87 フランシウム / FRANCIO

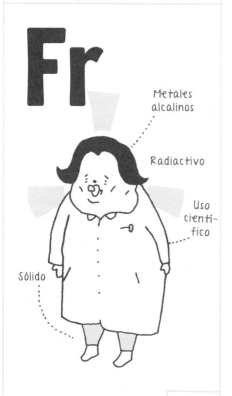

Fr

- Metales alcalinos
- Radiactivo
- Uso científico
- Sólido

MISTERIOSO Y FUGAZ

钫

[223]

7

1

Punto de fusión: 27 °C
Punto de ebullición: 677 °C
Densidad: --- g/cm³

Es el elemento radiactivo natural con una vida más corta: ¡apenas veintidós minutos! Se cree que a temperatura ambiente se encuentra en estado sólido, pero al tener una vida tan corta no se ha podido observar.

88 ラジウム / RADIO

Ra

- Metales alcalinotérreos
- Radiactivo
- Uso especializado
- Sólido

MORDIÓ LA MANO... DE SU DESCUBRIDORA

[226]

7

2

Punto de fusión: 700 °C
Punto de ebullición: 1140 °C
Densidad: alrededor de 5 g/cm³

El radio fue descubierto por Marie Curie en 1898. Gracias a este descubrimiento (y al del polonio), la científica recibió el premio Nobel de química en 1911, pero unas décadas más tarde moriría precisamente a causa de la prolongada exposición a la radiación.

* Los alemanes Otto Hahn y Lise Meitner.

93 ネプツニウム
NEPTUNIO

Np 铹

- Actinoides
- Radiactivo
- Sólido
- Artificial

MÁS PESADO QUE EL URANIO

[237]

7
3

Punto de fusión 640 ºc
Punto de ebullición 3902 ºc
Densidad 20,25 g/cm³

95 アメリシウム
AMERICIO

Am 镅

- Actinoides
- Radiactivo
- Sólido
- Artificial

UTILIZADO EN DETECTORES DE HUMO

[243]

7
3

Punto de fusión 1172 ºc
Punto de ebullición 2607 ºc
Densidad 13,67 g/cm³

94 プルトニウム
PLUTONIO

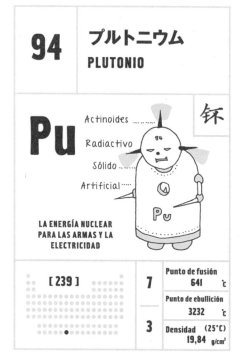

Pu 钚

- Actinoides
- Radiactivo
- Sólido
- Artificial

LA ENERGÍA NUCLEAR PARA LAS ARMAS Y LA ELECTRICIDAD

[239]

7
3

Punto de fusión 641 ºc
Punto de ebullición 3232 ºc
Densidad (25°C) 19,84 g/cm³

96 キュリウム
CURIO

Cm 锔

- Actinoides
- Radiactivo
- Sólido
- Artificial

EN HOMENAJE A MARIE Y PIERRE CURIE

[247]

7
3

Punto de fusión 1337 ºc
Punto de ebullición 3110 ºc
Densidad 13,3 g/cm³

97 バークリウム / BERKELIO

Bk — 锫

Actinoides, Radiactivo, Sólido, Artificial

NACIDO EN LA UNIVERSIDAD DE BERKELEY, CALIFORNIA

[247] | 7 | Punto de fusión 1047 ℃
| 3 | Punto de ebullición --- ℃
| | Densidad 14,79 g/cm³

99 アインスタイニウム / EINSTENIO

Es — 锿

Actinoides, Radiactivo, Sólido, Artificial

DESCUBIERTO DURANTE LAS PRUEBAS DE LA BOMBA DE HIDRÓGENO

[252] | 7 | Punto de fusión 860 ℃
| 3 | Punto de ebullición --- ℃
| | Densidad --- g/cm³

98 カリホルニウム / CALIFORNIO

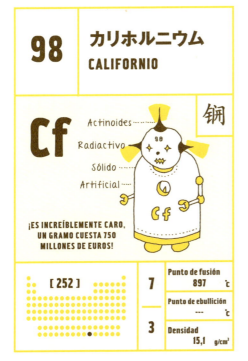

Cf — 锎

Actinoides, Radiactivo, Sólido, Artificial

¡ES INCREÍBLEMENTE CARO, UN GRAMO CUESTA 750 MILLONES DE EUROS!

[252] | 7 | Punto de fusión 897 ℃
| 3 | Punto de ebullición --- ℃
| | Densidad 15,1 g/cm³

100 フェルミウム / FERMIO

Fm — 镄

Actinoides, Radiactivo, Sólido, Artificial

EN HOMENAJE A ENRICO FERMI, EL FÍSICO QUE DESARROLLÓ EL PRIMER REACTOR NUCLEAR

[257] | 7 | Punto de fusión --- ℃
| 3 | Punto de ebullición --- ℃
| | Densidad --- g/cm³

101 メンデレビウム
MENDELEVIO

Md 钔

- Actinoides
- Radiactivo
- Sólido
- Artificial

EN HOMENAJE AL PADRE DE LA TABLA PERIÓDICA

[258]

7
3

Punto de fusión --- ℃
Punto de ebullición --- ℃
Densidad --- g/cm³

---

103 ローレンシウム
LAWRENCIO

Lr 铹

- Actinoides
- Radiactivo
- Sólido
- Artificial

EN HOMENAJE AL FÍSICO ERNEST LAWRENCE

[262]

7
3

Punto de fusión --- ℃
Punto de ebullición --- ℃
Densidad --- g/cm³

---

102 ノーベリウム
NOBELIO

No 锘

- Actinoides
- Radiactivo
- Sólido
- Artificial

EN HOMENAJE AL MÍTICO ALFRED NOBEL

[259]

7
3

Punto de fusión --- ℃
Punto de ebullición --- ℃
Densidad --- g/cm³

---

104 ラザホージウム
RUTHERFORDIO

Rf 鑪

- Metales de transición
- Radiactivo
- Sólido
- Artificial

EN HOMENAJE A ERNEST RUTHERFORD, PADRE DE LA FÍSICA NUCLEAR

[267]

7
4

Punto de fusión --- ℃
Punto de ebullición --- ℃
Densidad 23 g/cm³

105	ドブニウム
	DUBNIO

Db — 鉇
- Metales de transición
- Radiactivo
- Sólido
- Artificial

TOMA EL NOMBRE DE LA CIUDAD RUSA DE DUBNÁ, SEDE DEL INSTITUTO CENTRAL DE INVESTIGACIONES NUCLEARES

[268] — 7 / 5

Punto de fusión --- ℃
Punto de ebullición --- ℃
Densidad 29 g/cm³

107	ボーリウム
	BOHRIO

Bh — 铍
- Metales de transición
- Radiactivo
- Sólido
- Artificial

EL HOMENAJE AL FÍSICO DANÉS NIELS BOHR

[272] — 7 / 7

Punto de fusión --- ℃
Punto de ebullición --- ℃
Densidad 37 g/cm³

106	シーボーギウム
	SEABORGIO

Sg — 𨭎
- Metales de transición
- Radiactivo
- Sólido
- Artificial

EN HOMENAJE A GLENN SEABORG, QUE SINTETIZÓ NUEVE ELEMENTOS

[271] — 7 / 6

Punto de fusión --- ℃
Punto de ebullición --- ℃
Densidad 35 g/cm³

108	ハッシウム
	HASIO

Hs — 𨭆
- Metales de transición
- Radiactivo
- Sólido
- Artificial

TOMA EL NOMBRE DE SU LUGAR DE ORIGEN: HESSE (EN ALEMANIA)

[277] — 7 / 8

Punto de fusión --- ℃
Punto de ebullición --- ℃
Densidad 41 g/cm³

109 マイトネリウム
MEITNERIO

Mt
- Metales de transición
- Radiactivo
- Sólido
- Artificial

锛

EN HOMENAJE A LA FÍSICA AUSTRÍACA LISE MEITNER

[276]

7

9

Punto de fusión --- ℃
Punto de ebullición --- ℃
Densidad --- g/cm³

111 レントゲニウム
ROENTGENIO

Rg
- Metales de transición
- Radiactivo
- Sólido
- Artificial

铊

EN HOMENAJE A WILHELM RÖNTGEN, EL DESCUBRIDOR DE LOS RAYOS X

[280]

7

11

Punto de fusión --- ℃
Punto de ebullición --- ℃
Densidad --- g/cm³

110 ダームスタチウム
DARMSTATIO

Ds
- Metales de transición
- Radiactivo
- Sólido
- Artificial

铋

TOMA EL NOMBRE DE SU LUGAR DE ORIGEN, LA CIUDAD DE DARMSTADT

[281]

7

10

Punto de fusión --- ℃
Punto de ebullición --- ℃
Densidad --- g/cm³

112 コペルニシウム
COPERNICIO

Cn
- Radiactivo
- Artificial

鎶

REBAUTIZADO EN HOMENAJE AL ASTRÓNOMO COPÉRNICO, PADRE DEL HELIOCENTRISMO

285

7

12

Punto de fusión --- ℃
Punto de ebullición --- ℃
Densidad --- g/cm³

EL PRECIO DE LOS ELEMENTOS

Este es el *top five* de los elementos más caros disponibles en el mercado. Los elementos pueden tener formas muy diferentes, por lo que es muy difícil compararlos de forma precisa. Aquí he intentado clasificarlos en función del precio de muestras de un gramo. Algunos elementos, como el uranio y el plutonio, no tienen precios definidos, por lo que se ha optado por no tenerlos en cuenta en la clasificación. Comparados con los cinco primeros clasificados, ¡el oro y el platino parecen incluso baratos!

Rh
RODIO
417 euros (aprox.)

Muestra de 1 gramo, en polvo
(puro al 99,9%)

Cs
CESIO
364 euros (aprox.)

Muestra sellada de 1 gramo

Lu
LUTECIO
351 euros (aprox.)

Fragmento de 1 gramo
(puro al 99,9%)

Sc
ESCANDIO
320 euros (aprox.)

Lingote de 1 gramo
(puro al 99,9%)

Tm
TULIO
230 euros (aprox.)

Pieza de 1 gramo

LOS LLAMADOS METALES PRECIOSOS
(PARA COMPARAR)

PLATINO	32 euros/g
ORO	28 euros/g
PLATA	0,47 euros/g

EL PRECIO DEL CUERPO HUMANO (CALCULADO POR ELEMENTOS)

¿Cuánto vale un cuerpo humano? He intentado calcular el valor en función del precio de mercado de cada uno de los elementos que componen el cuerpo humano. El valor del cuerpo de una persona de 60 kilos será de unos 90 euros.

ZINC	**0,04€**	el equivalente a 0,12 g de zinc de laboratorio
HIERRO	**0,10€**	el equivalente a 3 g de clavos
SODIO Y CLORO	**0,14€**	el equivalente a 180 g de sal de cocina
AZUFRE	**2,00€**	el equivalente a 120 g de azufre de laboratorio
FÓSFORO	**2,09€**	el equivalente a 600 g de fósforo para fertilizantes
POTASIO	**4,21€**	el equivalente a 240 g de potasio para fertilizantes
NITRÓGENO	**5,38€**	el equivalente a 1,8 kg de nitrógeno de fertilizante
CARBONO	**6,23€**	el equivalente a 10,8 kg de carbón para barbacoa
CALCIO	**12,28€**	el equivalente a 0,9 kg de carbonato de calcio de laboratorio
OXÍGENO E HIDRÓGENO	**27,67€**	el equivalente a 45 litros de agua
MAGNESIO	**29,20€**	el equivalente a 30 g de magnesio de laboratorio
OTROS		

+

≈ **90€** (aprox.)

ELEMENTOS AMIGOS

Entre los 118 elementos de la tabla periódica, los hay que tienen propiedades muy similares o que tienden a asociarse para ser más potentes. Al igual que ocurre en las relaciones entre los seres humanos, también entre los elementos hay relaciones mejores y peores.

LOS 3 REYES MAGOS, PORTADORES DE PROSPERIDAD Y DE GLORIA

LOS 4 EMPERADORES ALCALINOS EXPLOSIVOS

Estos cuatro elementos tienen una apariencia pacífica, pero cuando entran en contacto con el agua, su carácter cambia de forma radical. Para evitar reacciones violentas, que podrían producirse incluso entrando en contacto con la humedad del aire, se conservan en aceite mineral. En orden de menos a más explosivo son: sodio, potasio, rubidio y cesio.

El oro, la plata y el cobre son elementos que se encuentran en abundancia en la Tierra. Son maleables y resistentes a la corrosión, lo cual los convierte en un fantástico trío de metales polivalentes. Se utilizan desde la antigüedad como materia prima para acuñar moneda o como bienes refugio. Las medallas olímpicas son solo uno de los muchos ejemplos en los que representan gloria y prestigio.

Si Silicio **Ge** Germanio **Sn** Estaño

EL TRÍO DE SEMICONDUCTORES DIGITALES

El silicio, el germanio y el estaño son los tres elementos representativos de los semiconductores. Son los responsables de que Japón se haya convertido en el líder del mercado de la electrónica. Es gracias a ellos que hoy en día podemos disfrutar de nuestros ordenadores y demás dispositivos digitales.

Nd Neodimio **Sm** Samario

LA PAREJA DE IMANES MÁS FUERTES DEL MUNDO

El neodimio y el samario están en constante competición por el título del mejor imán del mundo. Actualmente, los imanes de neodimio son los más potentes, pero los de samario resisten mejor a la corrosión y las altas temperaturas, lo cual los convierte en la mejor opción para muchas aplicaciones.

Ca Calcio **Sr** Estroncio **Ba** Bario

LOS TRES HERMANOS DE LA CASBA

A veces sucede que tres elementos con una diferencia de masa atómica equivalente presentan propiedades similares, estos grupos reciben el nombre de «tríadas». Este es el caso del calcio, el estroncio y el bario, y como sus iniciales, leídas de forma consecutiva, suenan como la palabra Casba, decidí llamarles «Los hermanos de la Casba».

ELEMENTOS PROBLEMÁTICOS

Hay elementos que, tomados individualmente, son inofensivos, pero combinados con otros pueden resultar letales. Veamos algunos de estos compuestos que han provocado ciertos problemillas en las últimas décadas.

$C_2H_8NO_2PS$

METAMIDOFOS

Esta combinación de carbono, hidrógeno, nitrógeno, oxígeno, fósforo y azufre es la fórmula de un insecticida que se ha hecho famoso en Japón por haber causado muchos problemas a quienes consumían alimentos importados de China, en concreto, los raviolis al vapor.

As_2O_3 (As_4O_6)

TRIÓXIDO DE ARSÉNICO

El trióxido de arsénico fue utilizado en el asesinato de Napoleón Bonaparte, mientras que Rasputín tomaba tres gotas cada mañana como antídoto contra el envenenamiento.

C₄H₁₀FO₂P

SARÍN

Aunque está compuesto por elementos bastante comunes, el sarín es un agente nervioso letal, tristemente famoso en Japón desde 1995.

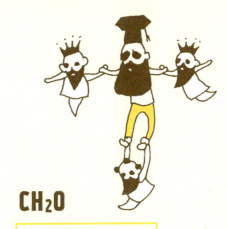

CH₂O

FORMALDEHÍDO

El formaldehído (o metanal) es una sustancia cancerígena, muy peligrosa para el organismo si se inhala. En el pasado se utilizaba en la construcción de edificios y se lo considera responsable del «Síndrome del edificio enfermo».

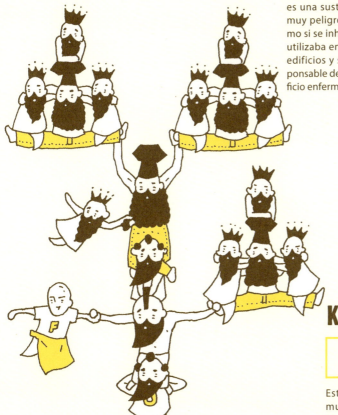

KCN

CIANURO DE POTASIO

Este veneno, protagonista de muchos crímenes históricos famosos, tiene una fórmula extraordinariamente sencilla.

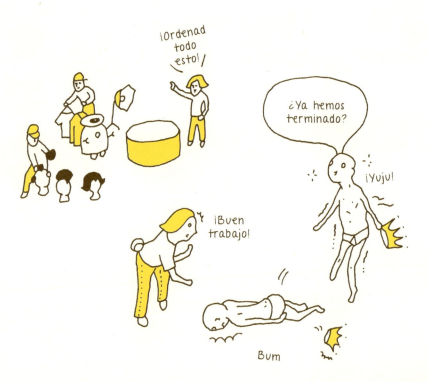

4

CÓMO COMER ELEMENTOS

元素の食べ方

Nuestro cuerpo está formado por treinta y cuatro elementos. Esto significa que en nuestro interior encontramos más de un tercio de los elementos que hemos visto en este libro. Sin embargo, siempre tendemos a verlos como algo externo...

¡TODOS NOSOTROS SOMOS RICOS EN ELEMENTOS!

Entre los elementos que nos habitan, se encuentran incluso el estroncio y el molibdeno, con los que nunca habríamos imaginado que podríamos estar relacionados. Te sorprenderá saber que también contenemos arsénico. Sí, arsénico. Ese elemento conocido por ser un veneno letal. Y lo mismo ocurre con otros elementos antipáticos como el cadmio, el berilio y el radio; todos ellos forman parte de nuestro organismo.

Aunque lo cierto es que no son elementos que produzca nuestro propio cuerpo, sino que están en nuestro organismo porque, de una forma u otra, los hemos ingerido.

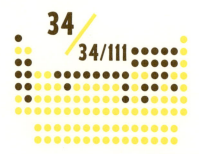

● = ELEMENTOS PRESENTES EN EL CUERPO HUMANO

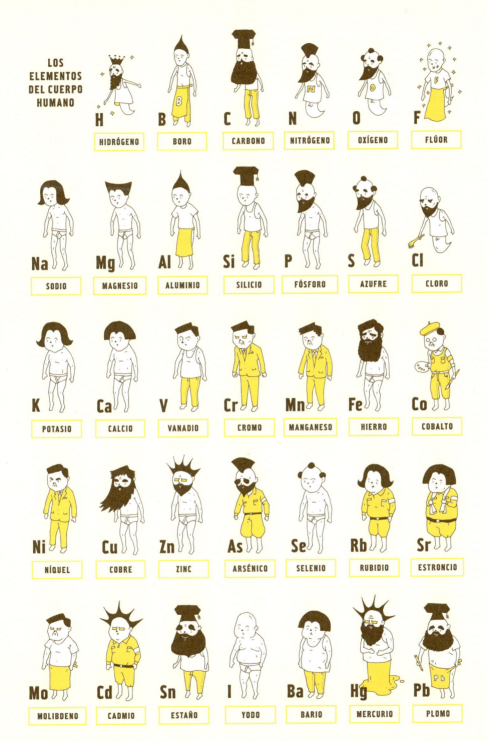

Un cuerpo humano sano está compuesto por un 65 % de oxígeno, un 18 % de carbono y un 10 % de hidrógeno.

¡VAYA, ESO ES CASI EL 100 %!

De hecho, veintiocho de los treinta y cuatro elementos que tenemos en nuestro organismo están presentes en cantidades inferiores al 1 %. Pero no por eso son menos importantes. Piensa que, aunque nos faltara solo el 0,1 % de ellos, podríamos morir. Estos elementos, indispensables para el buen funcionamiento del cuerpo humano, reciben el nombre de «microelementos». Son metales en su mayoría, y los más esenciales se llaman «oligoelementos». LOS MÁS IMPORTANTES SON LOS

MINERALES*.

Estos micronutrientes, también llamados sales minerales, son indispensables para la vida de cualquier organismo vivo.

* No deben confundirse con los minerales que forman las rocas, como el cuarzo.

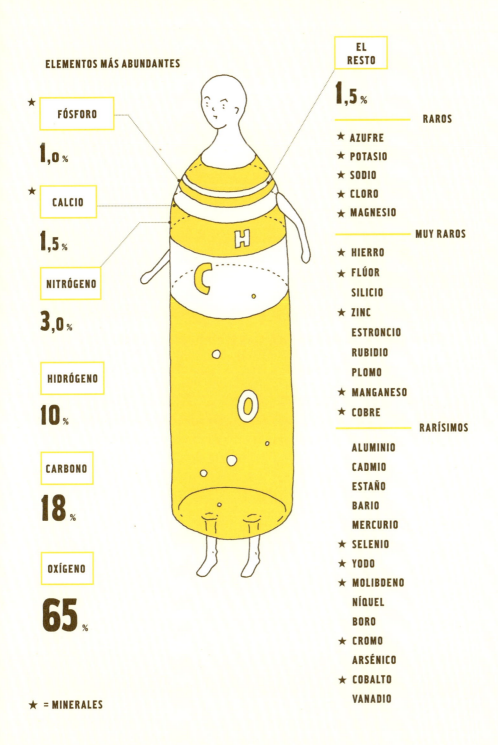

Actualmente, la ciencia reconoce diecisiete elementos esenciales. Estos son imprescindibles para que el organismo genere muchos de sus compuestos, a la vez que contribuyen a regular la forma en la que los demás elementos interactúan entre sí.

SON COMO LA TORRE DE CONTROL DE NUESTRO CUERPO.

Si nuestro cuerpo fuera una orquesta, los minerales serían el director; el entrenador en un equipo de fútbol, el controlador de un aeropuerto o el presidente en una empresa.
Si te falta hierro, tendrás anemia; si te falta calcio, estarás irritable. En conclusión: si la torre de control no funciona bien, nuestro cuerpo tampoco.

PERO ABUNDANCIA NO SIGNIFICA NECESARIAMENTE CALIDAD.

Es mejor no tener demasiados líderes. Un exceso de minerales tampoco es nada bueno.
En este capítulo os presento los diecisiete elementos esenciales, os explico cómo ayudan a nuestro cuerpo, en qué alimentos los encontramos y qué sucede si los ingerimos en exceso o no los suficientes.

Los minerales dirigen la orquesta

Na

SODIO

SE PUEDE ENCONTRAR EN:

Encurtidos

Miso

Pescado seco

Salsa de soja

Diversas salsas

CUANDO HAY UNA CARENCIA:

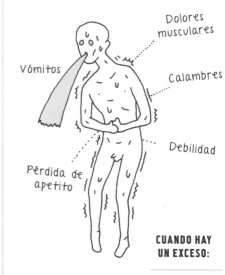

- Vómitos
- Pérdida de apetito
- Dolores musculares
- Calambres
- Debilidad

CUANDO HAY UN EXCESO:

Tensión alta, riesgo de tumores gastrointestinales, deshidratación, fiebre.

EL MINERAL MÁS IMPORTANTE

La mayor parte del sodio que necesitamos lo obtenemos de la sal de mesa (cloruro de sodio). Muchas personas reducen la cantidad de sal en su dieta para evitar problemas. Pero si estás enfermo y sudas mucho (o tienes diarrea), es recomendable que aumentes el consumo de sodio para compensar la pérdida de líquido; de lo contrario, la deshidratación te puede traer problemas.

CANTIDAD DIARIA RECOMENDADA:

1100-1500 mg

Mg

MAGNESIO

SE PUEDE ENCONTRAR EN:

Nori* Espinacas Plátanos

Alga kombu Soja Pescado

Algas Sésamo

CUANDO HAY UNA CARENCIA:

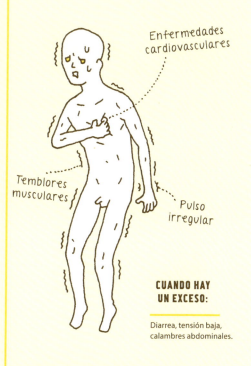

Enfermedades cardiovasculares

Temblores musculares

Pulso irregular

CUANDO HAY UN EXCESO:

Diarrea, tensión baja, calambres abdominales.

EL ELEMENTO QUE ALIMENTA NUESTRO CUERPO

El magnesio se encuentra en nuestros huesos: los nutre, los fortalece y favorece su crecimiento. También está presente en el cerebro, regulando la función de la tiroides. Además, ayuda a activar las enzimas. Los alcohólicos (crónicos), tienden a expulsar grandes cantidades de magnesio en la orina.

CANTIDAD DIARIA RECOMENDADA:

240 mg

---

* Alga del género *Porphyra*, ingrediente fundamental en la elaboración del sushi.

K

POTASIO

SE PUEDE ENCONTRAR EN:

Caquis   Plátanos   Boniatos

Espinacas   Tomates   Soja

Sandía   Sardinas

CUANDO HAY UNA CARENCIA:

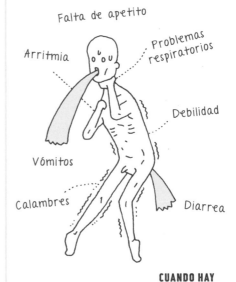

Falta de apetito, Problemas respiratorios, Arritmia, Debilidad, Vómitos, Calambres, Diarrea, Hipocalcemi.

CUANDO HAY UN EXCESO:

Hipercalcemia, síndrome de Cushing, uremia, obstrucción de las vías urinarias;

EL MINERAL MÁS MULTIFUNCIONAL

El potasio siempre está en movimiento, ya sea sintetizando proteínas, regulando el equilibrio de los fluidos corporales o desempeñando sus múltiples tareas en la transmisión de señales. Es un elemento que siempre está trabajando. Los riñones son los encargados de regular el nivel de potasio en el organismo, por lo que si estos dejan de funcionar, el potasio se acumulará en la sangre y puede provocar graves problemas de salud.

CANTIDAD DIARIA RECOMENDADA:

3900 mg

Ca

SE PUEDE ENCONTRAR EN: | CALCIO | CUANDO HAY UNA CARENCIA:

Leche y productos lácteos

Rábano seco

Pescado pequeño seco

Algas

Gambas

Sardinas

Tofu

Espinacas

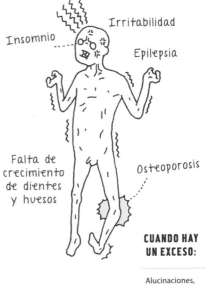

Insomnio, Irritabilidad, Epilepsia, Falta de crecimiento de dientes y huesos, Osteoporosis

CUANDO HAY UN EXCESO:

Alucinaciones, debilidad, cálculos urinarios, dificultad para absorber otros minerales, hipercalcemia.

UN PILAR IMPRESCINDIBLE PARA NUESTROS HUESOS

Es de todos conocido que el calcio es fundamental para el desarrollo de dientes y huesos, pero sus virtudes no acaban aquí, ya que tiene muchas más funciones. A menudo interactúa con el magnesio, que regula su acción y evita que se asiente donde no debe. La vitamina D nos permite absorberlo con más facilidad.

CANTIDAD DIARIA RECOMENDADA:

1000-1200 mg

FÓSFORO

SE PUEDE ENCONTRAR EN:

Leche y productos lácteos

Algas

Cereales

Fruta

Pescados y mariscos

Legumbres

Carne

Nueces y cacahuetes

CUANDO HAY UNA CARENCIA:

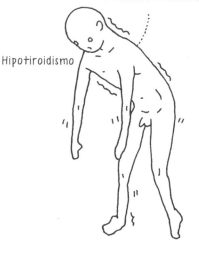

Debilidad muscular

Hipotiroidismo

CUANDO HAY UN EXCESO:

Dificultad para absorber otros minerales, hiperparatiroidismo, disfunción renal.

UN INTELECTUAL QUE FABRICA NUESTRO ADN

El fósforo es famoso por su presencia en las cabezas las cerillas; dentro de nuestro cuerpo, además de formar parte del ADN, es un componente esencial de las membranas celulares y de las neuronas. También se utiliza como aditivo y conservante para bebidas y productos alimentarios, lo cual hace temer que su consumo empiece a ser excesivo.

CANTIDAD DIARIA RECOMENDADA:

700 mg

Zn

SE PUEDE ENCONTRAR EN: **ZINC**   **CUANDO HAY UNA CARENCIA:**

Almendras

Anacardos

Ostras

Tofu

Huevas de bacalao

Hígado

Paparda del Pacífico

Vieiras

Anguilas

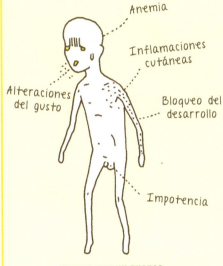

- Anemia
- Inflamaciones cutáneas
- Alteraciones del gusto
- Bloqueo del desarrollo
- Impotencia

CUANDO HAY UN EXCESO:

Problemas gastrointestinales, presión arterial baja, anemia, trastornos pancreáticos, aumento de colesterol malo (LDL), disminución del colesterol bueno (HDL), dolor de cabeza, diarrea, dolor de estómago...

UNA MADRE AMOROSA

El zinc es necesario para sintetizar las proteínas y para la correcta transmisión de la información genética. Una deficiencia significativa de zinc durante la pubertad puede afectar al desarrollo de las características sexuales secundarias, como el vello facial en los hombres y el tamaño de los senos en las mujeres. ¡Por eso es muy importante que los adolescentes tengan una dieta equilibrada!

CANTIDAD DIARIA RECOMENDADA:

HOMBRES 9 a 10 mg

MUJERES 7 a 8 mg

Cr

CROMO

SE PUEDE ENCONTRAR EN:

Pimienta negra

Trigo · Levadura de cerveza

Legumbres · Setas · Hígado

Langostinos

CUANDO HAY UNA CARENCIA:

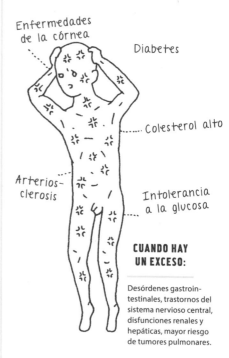

- Enfermedades de la córnea
- Diabetes
- Colesterol alto
- Arteriosclerosis
- Intolerancia a la glucosa

CUANDO HAY UN EXCESO:

Desórdenes gastrointestinales, trastornos del sistema nervioso central, disfunciones renales y hepáticas, mayor riesgo de tumores pulmonares.

EL GUARDIÁN DEL NIVEL DE AZÚCAR EN NUESTRA SANGRE

La mayor parte del cromo que consumimos con los alimentos es cromo trivalente, el cual participa en la metabolización de los azúcares, las proteínas y el colesterol. Una deficiencia de cromo puede provocar un aumento del nivel de colesterol e incluso diabetes, pero la cantidad diaria necesaria es muy baja y lo cierto es que el cromo se encuentra prácticamente en todos los alimentos.

CANTIDAD DIARIA RECOMENDADA:

HOMBRES 30-35 µg

MUJERES 20-25 µg

Se

SELENIO

SE PUEDE ENCONTRAR EN:

Sésamo

Pescados y mariscos

Chocolate

Huevos

Algas

Carne de res

Hígado

Calamares

CUANDO HAY UNA CARENCIA:

Enfermedades cardiovasculares

Mayor riesgo de sufrir cáncer o alzhéimer

CUANDO HAY UN EXCESO:

Sensación de fatiga, náuseas, calambres estomacales, diarrea, neuropatías periféricas, cirrosis hepática, pérdida de cabello, sequedad en la piel, problemas gastrointestinales, vómitos, deformación de las uñas...

UN BUEN COMPAÑERO PARA UNA VIDA LLENA DE JUVENTUD

El selenio actúa como antioxidante y ayuda a prevenir enfermedades relacionadas con un estilo de vida irregular. Sin embargo, un consumo excesivo puede ser tóxico y provocar la deformación de las uñas o la caída de cabello. Es más efectivo cuando se toma junto a la vitamina E, presente en varios tipos de frutos secos.

CANTIDAD DIARIA RECOMENDADA:

55 µg

Mo

MOLIBDENO

SE PUEDE ENCONTRAR EN:

Hígado

Arroz y trigo

Judías

Leche y productos lácteos

CUANDO HAY UNA CARENCIA:

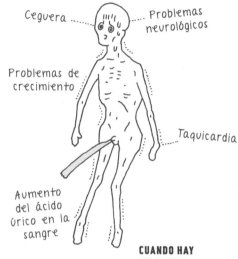

- Ceguera
- Problemas neurológicos
- Problemas de crecimiento
- Taquicardia
- Aumento del ácido úrico en la sangre

CUANDO HAY UN EXCESO:

Problemas de crecimiento, problemas neurológicos, artritis, anemia.

EL RESPONSABLE DEL MANTENIMIENTO, SIEMPRE AL SERVICIO DE LAS ENZIMAS

Además de facilitar la actividad de muchas enzimas, el molibdeno favorece la acción del hierro en el organismo y ayuda, por ejemplo, a reducir el riesgo de anemia. No necesitamos grandes cantidades, así que cualquier dieta equilibrada cubrirá nuestras necesidades. La leche contiene mucho molibdeno, ¡de 25 a 75 microgramos por litro!

CANTIDAD DIARIA RECOMENDADA:

45 µg

Fe

HIERRO

SE PUEDE ENCONTRAR EN:

 Soja

 Pollo

 Hígado

 Espinacas

 Huevos

 Sardinas

 Algas pardas

 Sésamo

 Sangre de tortuga

CUANDO HAY UNA CARENCIA:

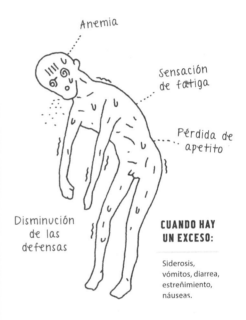

- Anemia
- Sensación de fatiga
- Pérdida de apetito
- Disminución de las defensas

CUANDO HAY UN EXCESO:

Siderosis, vómitos, diarrea, estreñimiento, náuseas.

LA ESTRELLA DE LOS MINERALES QUE DA SALUD Y FELICIDAD

Ya en la antigüedad, los griegos eran conscientes de la importancia del hierro para nuestro organismo. Casi el 65 % de todo el hierro que consumimos se utiliza en la producción de sangre, por eso su carencia puede acarrear graves riesgos. Tomarlo junto con vitamina C facilita su absorción, mientras que hacerlo con té o café tiene el efecto contrario debido a los taninos.

CANTIDAD DIARIA RECOMENDADA:

HOMBRES 7 a 7,5 mg

MUJERES 6 a 10,5 mg

I

YODO

SE PUEDE ENCONTRAR EN:

Algas

Pescado

CUANDO HAY UNA CARENCIA:

Problemas de tiroides — Bocio

CUANDO HAY UN EXCESO:

Bocio, hipertiroidismo, enfermedad de Graves-Basedow.

UNA BOMBA DE VITALIDAD

El yodo es un mineral que influye tanto en el cuerpo como en la mente, y juega un papel fundamental en las hormonas tiroideas, encargadas de controlar el metabolismo y el sistema nervioso autónomo. Está presente en los alimentos de origen marino, por eso los habitantes de países insulares como Japón lo incluyen fácilmente en su dieta, mientras que en América y Europa se suele añadir a la sal de mesa.

CANTIDAD DIARIA RECOMENDADA:

130 µg

Cu

COBRE

SE PUEDE ENCONTRAR EN:

Levadura de cerveza

Chocolate

Moluscos

Hígado

Setas

Crustáceos

Judías

Fruta

Calamares y pulpo

CUANDO HAY UNA CARENCIA:

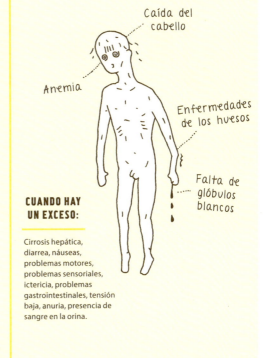

- Caída del cabello
- Anemia
- Enfermedades de los huesos
- Falta de glóbulos blancos

CUANDO HAY UN EXCESO:

Cirrosis hepática, diarrea, náuseas, problemas motores, problemas sensoriales, ictericia, problemas gastrointestinales, tensión baja, anuria, presencia de sangre en la orina.

UN ELIXIR PARA LA LONGEVIDAD… ¡Y ADIÓS A LOS INFARTOS!

Muchos no piensan en el cobre como un mineral, pero en el cuerpo de un adulto hay más de 100 mg de cobre, principalmente en la sangre, el cerebro, el hígado y los riñones. También se ha demostrado que tiene un efecto preventivo contra los infartos y la arteriosclerosis, así que es muy recomendable que las personas de mediana edad y los ancianos coman mucho pescado.

CANTIDAD DIARIA RECOMENDADA:

0,9 mg

Mn

MANGANESO

SE PUEDE ENCONTRAR EN:

Té verde

Algas

Carne de res

Legumbres

Ostras

Polvo de té matcha

Almejas

CUANDO HAY UNA CARENCIA:

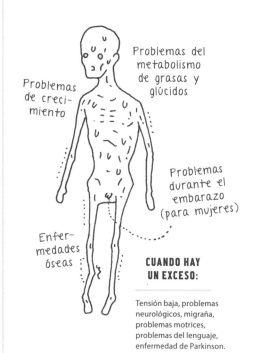

- Problemas del metabolismo de grasas y glúcidos
- Problemas de crecimiento
- Problemas durante el embarazo (para mujeres)
- Enfermedades óseas

CUANDO HAY UN EXCESO:

Tensión baja, problemas neurológicos, migraña, problemas motrices, problemas del lenguaje, enfermedad de Parkinson.

EL ELEMENTO QUE PROTEGE... LAS PARTES «DELICADAS»

El cuerpo de un adulto de 70 kilos contiene más de 12 miligramos de manganeso. Es un elemento muy importante durante el embarazo y tiene efectos considerables en el sistema motriz. Los experimentos de laboratorio han demostrado que una deficiencia de manganeso en los hombres puede provocar una reducción de la masa de los testículos... pero no te preocupes demasiado, lo importante es llevar una dieta equilibrada.

CANTIDAD DIARIA RECOMENDADA:

HOMBRES 4 mg

MUJERES 3,5 mg

S

Huevos

Carne

硫黄
AZUFRE

El azufre forma parte de los aminoácidos que componen las proteínas de nuestro organismo y mantienen la salud de nuestra piel, uñas y cabello. Una deficiencia de azufre puede provocar inflamaciones cutáneas y una ralentización del metabolismo. Lo podemos encontrar en huevos, carne y pescado.

CANTIDAD DIARIA RECOMENDADA:

HOMBRES 10-12 mg

MUJERES 9-10 mg

Cl

Salsa de soja

Miso

塩素
CLORO

El cloro es muy importante para el aparato digestivo, ya que es uno de los dos elementos que componen el ácido clorhídrico, que es, a su vez, un componente esencial del jugo gástrico. Como está presente en la sal de mesa, los casos de insuficiencia son poco frecuentes. Si por el contrario, hubiera un exceso, no te preocupes: se expulsa a través del sudor y la orina.

CANTIDAD DIARIA RECOMENDADA:

1700-2300 mg

F

Té verde

Pescado

フッ素
FLÚOR

El flúor fortalece los huesos y los dientes. Dado que el fluoruro de sodio tiene efectos preventivos sobre las caries, en algunos países añaden pequeñas dosis al agua del grifo. Los japoneses nunca se preocupan por la falta de fluoruro, ya que tanto el pescado como el té verde contienen grandes cantidades de este elemento.

CANTIDAD DIARIA RECOMENDADA:

HOMBRES 4 mg

MUJERES 3 mg

Co

Carne

Ostras

コバルト
COBALTO

Si comes carne y pescado, no tienes que preocuparte por la carencia de cobalto; de hecho, el cobalto está presente en la vitamina B12, muy abundante en las proteínas animales. La ausencia de cobalto en el cuerpo provoca anemia, independientemente de la cantidad de hierro que tomemos. No es un elemento muy versátil, pero es importante para el organismo.

CANTIDAD DIARIA RECOMENDADA:

MUY PEQUEÑA

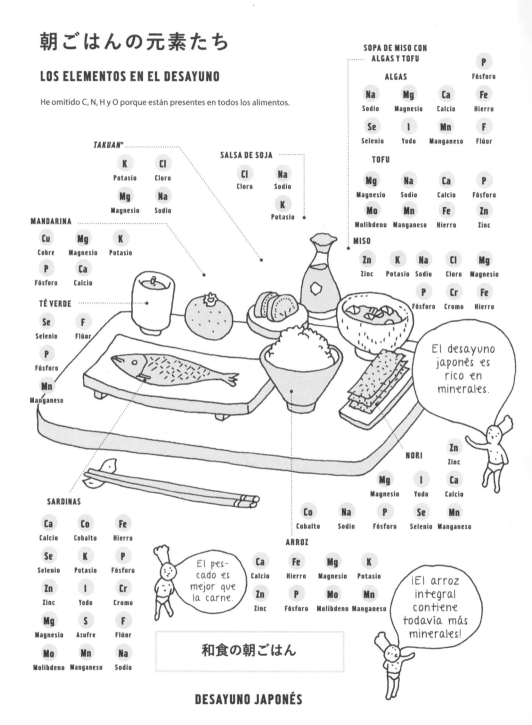

DESAYUNO OCCIDENTAL

5

LA CRISIS DE LOS ELEMENTOS

元素危機

Algunos de los elementos que hemos visto hasta ahora, como el germanio, tenían una gran demanda hasta hace unos años, pero últimamente se ha perdido el interés por ellos. Y por el contrario, otros elementos, como el indio, han pasado a primer plano recientemente.

QUE ALGUNOS ELEMENTOS ESTÉN TAN DE MODA SE ESTÁ CONVIRTIENDO EN UN PROBLEMA.

Antes, las pilas se fabricaban con níquel, lo cual disparó el precio de este elemento y obligó a sustituir ese tipo de pilas por las de litio, que resultaban más baratas. Lo mismo ha sucedido con el indio de las pantallas LCD, cuyo precio es cada vez más elevado. Además, el indio forma parte de los llamados «metales raros», es decir, metales muy difíciles de extraer y de trabajar.

EN JAPÓN CASI TODOS LOS METALES RAROS SON IMPORTADOS.

Japón no tiene reservas de metales raros y, por lo tanto, tiene que importarlos de otros países. Una interrupción en las importaciones de estas materias primas tendría consecuencias desastrosas para la economía del país.

Sin tungsteno, no se podrían fabricar las herramientas que necesitamos para producir una gran variedad de objetos. Sin níquel y sin molibdeno, no podríamos hacer productos de acero inoxidable. Sin galio y otros metales similares, sería imposible disponer de semiconductores. Y sin semiconductores, no tendríamos ordenadores ni teléfonos móviles.

LA CRISIS DE LOS ELEMENTOS ES INMINENTE

Los metales raros tienen cada vez más demanda en todo el mundo; por ello no solo su precio se va a multiplicar, sino que puede resultar difícil incluso conseguirlos. La crisis de los elementos es tan grave como la del petróleo. Para prepararse, Japón ha empezado a acumular reservas de algunos metales raros a la vez que promueve la investigación de posibles sustitutos.

Pero si llega a estallar la crisis, todas estas medidas podrían no ser suficientes. Es un problema muy grave que concierne al mundo entero: ¡debemos trabajar juntos para superarlo!

Sin tungsteno, no podemos hacer herramientas útiles.

La industria manufacturera quebraría.

Sin galio, no se pueden fabricar semiconductores.

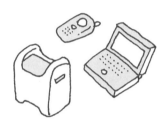

Así que nada de ordenadores ni de teléfonos móviles.

Sin indio, no tendríamos televisores LCD.

Sin molibdeno y sin níquel, no tendríamos acero inoxidable.

Y sin litio, no habría pilas.

Hoy en día, el reciclaje de dispositivos electrónicos, incluidos los teléfonos móviles, ha avanzado mucho. No se trata solo de la voluntad de cuidar el medio ambiente, sino que es necesario intentar reutilizar los metales raros, ya que corremos el riesgo de no disponer de ellos en un futuro si no lo hacemos.

LOS ELEMENTOS NO SE PUEDEN CREAR.

Habrá quien se pregunte por qué no fabricamos los elementos para evitar la crisis. ¡Solo hay que unir dos átomos de hidrógeno para obtener helio! Los protones y electrones ya existen, ¡no puede ser tan difícil!

SI PUDIÉRAMOS CREARLOS TAN FÁCILMENTE, NO SERÍAN ELEMENTOS.

Para crear artificialmente un núcleo atómico, se debe producir una reacción atómica, lo cual requiere una gran cantidad de energía. Además, las reacciones atómicas producen material radiactivo altamente peligroso. Por eso los elementos son intrínsecamente difíciles de producir o modificar.

Nuestro actual modo de vida se basa en nuestro conocimiento de los elementos y en la capacidad técnica que tenemos para utilizarlos. A simple vista, mirando a nuestro alrededor, quizás no parezcan tan importantes; sin embargo, los elementos se encargan de aspectos fundamentales de nuestra vida.

EN EL FUTURO TODOS SEREMOS CIENTÍFICOS.

Seguro que has oído hablar de un modelo económico libre de gases de efecto invernadero, pero quizás deberíamos empezar a hablar de los problemas ambientales que afectan a los elementos químicos. El problema del aumento de CO_2 en la atmósfera también está relacionado con los elementos, y la responsabilidad es nuestra, por haber extraído algo que por naturaleza tenía que quedar bajo tierra. Si conocemos mejor el papel de los metales raros y lo importante que es reciclarlos, abordaremos de manera más eficaz el problema de la crisis de los elementos.

Ahora más que nunca, debemos tener una mirada científica. Si, poco a poco, todos nos vamos convirtiendo en científicos, podremos cambiar nuestro punto de vista y vivir en armonía con el maravilloso mundo de los elementos.

ÍNDICE

Actinio, 157
Aluminio, 79
Americio, 158
Antimonio, 126
Argón, 85
Arsénico, 106
Astato, 153
Azufre, 83
Bario, 133
Berilio, 68
Berkelio, 159
Bismuto, 152
Bohrio, 161
Boro, 69
Bromo, 108
Cadmio, 123
Calcio, 90
Californio, 159
Carbono, 70
Cerio, 135
Cesio, 132
Cinc, 103
Cloro, 84
Cobalto, 100
Cobre, 102
Copernicio, 162
Cromo, 95
Curio, 158
Darmstatio, 162
Disprosio, 140
Dubnio, 161
Einstenio, 159
Erbio, 141
Escandio, 92
Estaño, 125
Estroncio, 113
Europio, 138
Fermio, 159
Flerovio, 163
Flúor, 74
Fósforo, 82
Francio, 156
Gadolinio, 139
Galio, 104

Germanio, 105
Hafnio, 143
Hasio, 161
Helio, 66
Hidrógeno, 64
Hierro, 98
Holmio, 140
Indio, 124
Iridio, 146
Iterbio, 142
Itrio, 114
Kriptón, 109
Lantano, 134
Lawrencio, 160
Litio, 67
Livermorio, 163
Lutecio, 142
Magnesio, 78
Manganeso, 96
Meitnerio, 162
Mendelevio, 160
Mercurio, 149
Molibdeno, 117
Moscovio, 163
Neodimio, 136
Neón, 75
Neptunio, 158
Nihonio, 163
Niobio, 116
Níquel, 101
Nitrógeno, 72
Nobelio, 160
Oganesón, 163
Oro, 148
Osmio, 145
Oxígeno, 73
Paladio, 121
Plata, 122
Platino, 147
Plomo, 151
Plutonio, 158
Polonio, 152
Potasio, 88
Praseodimio, 135

Prometio, 137
Protactinio, 157
Radio, 156
Radón, 153
Renio, 145
Rodio, 120
Roentgenio, 162
Rubidio, 112
Rutenio, 119
Rutherfordio, 160
Samario, 137
Seaborgio, 161
Selenio, 107
Silicio, 80
Sodio, 76
Talio, 150
Tántalo, 143
Tecnecio, 118
Telurio, 127
Teneso, 163
Terbio, 139
Titanio, 93
Torio, 157
Tulio, 141
Tungsteno, 144
Uranio, 157
Vanadio, 94
Xenón, 129
Yodo, 128
Zirconio, 115

EPÍLOGO

Seguro que ahora estás intentando recordar cuál fue el primer elemento del que oíste hablar. En mi caso fue el uranio. Debía de tener unos seis o siete años cuando fui a ver la película *Hadashi no Gen* con mi madre. La película, al igual que el manga en el que está basada, habla del bombardeo de Hiroshima durante la Segunda Guerra Mundial. Todavía recuerdo el impacto que me produjo; me quedé sin palabras. En las semanas siguientes tuve problemas para dormir, la imagen de la explosión de la bomba me perseguía día y noche. Me di cuenta de que tenía que saber más. Fue entonces cuando supe de la existencia del uranio y del plutonio, y del mundo de los neutrones, protones y electrones.

Cuando Kakoi Fumiko, de la editorial Kagaku Dōjin, se puso en contacto conmigo por primera vez y me planteó la posibilidad de escribir un libro sobre la tabla periódica de los elementos, pensé que todo lo que sabía sobre el tema estaba relacionado con la aterradora experiencia de haber visto aquella película cuando era niño. Entonces decidí visitar al profesor Kōhei Tamao, del Instituto Riken, y al profesor emérito Hiromu Sakurai, de la Universidad de Farmacia de Kioto. Ellos me hablaron de la crisis de los elementos y del papel de los metales en nuestro cuerpo; en pocas palabras, me abrieron los ojos a la importancia de los elementos y me mostraron hasta qué punto estamos ligados a ellos. Todo lo que me enseñaron lo he plasmado en este libro. He intentado que el resultado sea útil para aquellos que, como yo hasta hace poco, lo desconocen todo del tema. Espero haberlo conseguido.

Este proyecto nunca habría sido posible sin el apoyo de mi hermana pequeña Makiko, que debería figurar como coautora del libro.
También quiero dar las gracias a Terashima Takahito y, por supuesto, a Kakoi Fumiko, de Kagaku Dōjin. No tengo suficientes palabras para expresarles mi agradecimiento.

Gracias por todo.

Bunpei Yorifuji

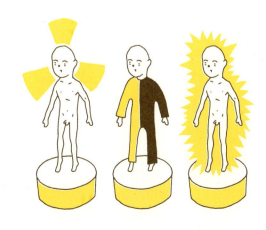